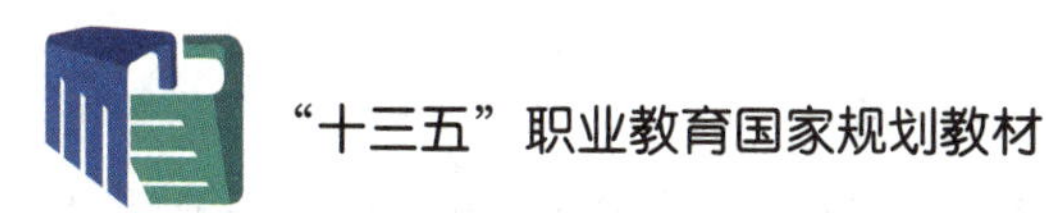

图形与图像处理技术

张枝军 编著

北京理工大学出版社
BEIJING INSTITUTE OF TECHNOLOGY PRESS

内 容 提 要

本书是电子商务网店美工、网店视觉设计领域的系列化教材之一，以讲解与传授 Photoshop 软件的基本知识与基础应用为主。本书内容由浅入深、循序渐进地讲解了 Photoshop 软件的功能、使用方法与使用过程，以 Photoshop 软件在电子商务领域的应用为主线，展开内容。本书的主要内容包括：数字图像基本知识、Photoshop CC 图像处理基础、选择与填充的应用、图层的应用、路径与形状的应用、通道与蒙版的应用、色彩与色彩调整、滤镜的应用、图像的优化与输出九个部分。

本书图文并茂、层次分明、重点突出、内容翔实、步骤清晰、通俗易懂，可以作为电子商务、市场营销、国际贸易实务、移动商务、数字媒体技术、计算机应用技术、动漫设计等专业涉及网店商品图像信息制作、网店视觉设计等相关专业必修课程与专业选修课程的基础教学用书或参考书，也可以作为网店美工、修图员、网店运营岗位人员、个体从业人员的自学与培训用书。

图书在版编目（CIP）数据

图形与图像处理技术 / 张枝军编著. —北京：北京理工大学出版社，2018.8（2021.3 重印）

ISBN 978－7－5682－4956－0

Ⅰ.①图…　Ⅱ.①张…　Ⅲ.①图象处理软件　Ⅳ.① TP391.413

中国版本图书馆 CIP 数据核字（2017）第 271005 号

出版发行 / 北京理工大学出版社有限责任公司
社　　址 / 北京市海淀区中关村南大街 5 号
邮　　编 / 100081
电　　话 / (010) 68914775（总编室）
　　　　　(010) 82562903（教材售后服务热线）
　　　　　(010) 68948351（其他图书服务热线）
网　　址 / http://www.bitpress.com.cn
经　　销 / 全国各地新华书店
印　　刷 / 保定市中画美凯印刷有限公司
开　　本 / 710 毫米 ×1000 毫米　1/16
印　　张 / 15.25
字　　数 / 271 千字
版　　次 / 2018 年 8 月第 1 版　2021 年 3 月第 4 次印刷
定　　价 / 49.00 元

责任编辑 / 周　磊
文案编辑 / 周　磊
责任校对 / 周瑞红
责任印制 / 李　洋

图书出现印装质量问题，请拨打售后服务热线，本社负责调换

前言

众所周知，凡是运用电子商务开展商品销售，其首要工作就是商品信息的数字化、图像化，而商品数字化信息的品质直接影响网上销售商品的点击率与转化率。目前描述商品数字化信息的主要手段是静态图像与动态图像，由此，图形与图像处理技术与方法就成了电子商务的基本技能。鉴于上述背景，本人根据十几年来在图形图像处理技术领域的教学与实际工作经验进行了本书的编著工作。

本书的编写思想是以培养职业教育应用型人才为出发点，结合实际工作，以企业工作任务为主要内容构建教材体系，在总体结构上力求做到由浅入深、循序渐进，理论与实践并重，突出实践操作技能；以简明的语言和清晰的图示以及精选的实训案例来描述完成具体工作的操作方法、过程和要点，并将实际工作中处理、编辑图像的基本思想贯穿在每个具体的案例中，让学习者能从课堂训练走向实战水平。本书所用的图像处理软件为 Adobe 公司出版的 Photoshop CC 版本。

本书图文并茂、层次分明、重点突出、内容翔实、步骤清晰、通俗易懂，可以作为电子商务、市场营销、国际贸易实务、移动商务、商务数据分析、动漫设计等涉及网店商品图像信息制作、网店视觉设计等相关专业必修课与专业选修课的基础教学用书，也可以作为网店美工、网店运营岗位人员、个体从业人员的自学与培训用书。

本书共分为九章，由浙江商业职业技术学院张枝军编著。由于作者水平有限，书中难免有不足之处，欢迎广大读者批评指正。

编著者

前言

目录 CONTENTS

CONTENTS

第 8 章　滤镜的应用

第 9 章　图像的输出与优化

第1章

数字图像基本知识

数字图像的文件类型

1.1.1 位图图像

位图图像也称点阵图像，它是由许多点组成的。这些点称为像素，当许许多多不同颜色的点（像素）组合在一起时，便构成了一幅完整的图像。在日常生活中，点阵图是常见的，如照片是由银粒子组成的，屏幕是由光点组成的，印刷品是由网点组成的。点阵图的优点是弥补了向量图的不足，能够制作出颜色与色调变化丰富的图像，可以逼真地再现大自然的景象，也能够在不同的软件之间交换文件。由于点阵图像要记录每一个像素的位置与色彩数据，文件的大小就要看图像的像素多少了。图像的分辨率越高，文件就越大，处理速度也就越慢，也就可以越逼真地表现自然界的图像，达到照片般的品质。点阵图像的缺点是在缩放和旋转时会产生失真现象，也无法制作真正的 3D 图像，文件较大。

位图图像中的像素点可以进行不同的排列和染色以构成图样。当放大位图时，可以看见赖以构成整个图像的无数单个方块。扩大位图尺寸的效果是增多单个像素，从而使线条和形状显得参差不齐。然而，如果从稍远的位置观看它，位图图像的颜色和形状又显得是连续的。由于每一个像素都是单独染色的，可以通过以每次一个像素的频率操作选择区域而产生近似相片的逼真效果，诸如加深阴影和加重颜色。缩小位图尺寸也会使原图变形，因为此举是通过减少像素来使整个图像变小的。同样，由于位图图像是以排列的像素集合体形式创建的，所以不能单独操作（如移动）局部位图。

制作位图图像的软件也比较多，如 Adobe Photoshop 、Corel PHOTO-PAINT、Design Painter 、Ulead PhotoImpact 等。

位图图像有时候也叫做栅格图像，Photoshop 以及其他的绘图软件一般都使用位图图像。位图图像由像素组成，每个像素都被分配一个特定位置和颜色值。在处理位图图像时，编辑的是像素而不是对象或形状，也就是说，编辑的是每一个点。

每一个栅格代表一个像素点，而每一个像素点只能显示一种颜色，位图图像一般具有以下特点：

（1）文件所占的存储空间大。对于高分辨率的彩色图像，用位图存储所需的储存空间较大，像素之间独立，所以占用的硬盘空间、内存和显存比矢量图都大。

（2）位图放大到一定倍数后，会产生锯齿，由于位图是由最小的色彩单位像素点组成的，所以位图的清晰度与像素点的多少有关。

（3）位图图像在表现色彩、色调方面的效果比矢量图更加优越，尤其在表现图像的阴影和色彩的细微变化方面效果更佳。

（4）位图的格式有 bmp、jpg、gif、psd、tif、png 等。

另外，位图图像与分辨率有关，即在一定面积的图像上包含有固定数量的像素。因此，如果在屏幕上以较大的倍数放大显示图像，或以过低的分辨率打印，位图图像会出现锯齿边缘。在一些放大的图中，可以清楚地看到像素点的形状。

（5）图像由许多点组成，点称为像素（最小单位）。表现层次和色彩比较丰富的图像，放大后会失真（变模糊）。

（6）每个像素的位数有：1（单色）、4（16 色）、8（256 色）、16（64K 色，高彩色）、24（16M 色，真彩色）、32（4096M 色，增强型真彩色）。

1.1.2　矢量图形

矢量图形也称作向量式图形，它是以数学矢量的方式来记录图像内容的。矢量图形使用直线和曲线来描述图形，这些图形的元素是一些点、线、矩形、多边形、圆和弧线等，它们都是通过数学公式计算获得的。例如一幅花的矢量图形实际上是由线段形成外框轮廓，由外框的颜色以及外框所封闭的颜色决定花显示出的颜色。

矢量图形也称为面向对象的图像或绘图图像，繁体版本上称之为向量图，是计算机图形学中用点、直线或者多边形等基于数学方程的几何图元表示的图像。矢量图形最大的优点是无论放大、缩小或旋转都不会失真；最大的缺点是难以表现色彩层次丰富的逼真图像效果。

矢量图形的每个对象都是一个自成一体的实体，都可以在维持它原有清晰度和弯曲度的同时，多次移动和改变它的属性，而不会影响图例中的其他对象。这意味着它们可以按最高分辨率显示到输出设备上。

矢量图形的内容是以线条和色块为主的，因此，其文件所占用的空间比较少。例如记录一条线条的数据，仅仅记录其两个端点的坐标与线段的粗细和色彩就可以了。矢量图形可以比较容易地进行放大、缩小、旋转等操作，也不容易失真，并且线条平滑，无锯齿状。由于其精确度较高，所以可以制作 3D 图像。但其明显的缺点是不容易制作出色调丰富或者色彩变化大的图像来，由于无法像照片般精确地描绘自然界的图像，绘制出来的图像就不够逼真，且不同软件之间难以交换文件。矢量图以几何图形居多，图形可以无限放大，不变色、不模糊。常用于图案、标志、VI、文字等设计。矢量图形的优缺点如下：

（1）文件小，图像中保存的是线条和图块的信息，所以矢量图形文件与分辨率和图像大小无关，只与图像的复杂程度有关，图像文件所占的存储空间较小。

（2）图形可以无级缩放，对图形进行缩放、旋转或变形操作时，图形不会产生锯齿效果。

（3）可采取高分辨率印刷，矢量图形文件可以在任何输出设备打印机上以打印或印刷的最高分辨率进行打印输出。

（4）最大的缺点是难以表现色彩层次丰富的逼真图像效果。

（5）矢量图形与位图的效果有天壤之别，矢量图形无限放大不模糊，大部分位图都是由矢量导出来的，也可以说矢量图形就是位图的源码，源码是可以编辑的。

制作矢量图形的软件比较多，如 FreeHand、Illustrator、CorelDraw、AutoCAD 等等，工程制图、美工图通常用矢量图形软件来绘制。在 Photoshop 软件中的“路径”绘图方法也属于矢量式的。

1.2 图像的像素和分辨率

1.2.1 像素

像素的英文“Pixel”是由“Picture”和“Element”这两个单词组成的，是图像最基本的单位。如同摄影的相片一样，数码影像也具有连续性的浓淡阶调，我们若把影像放大数倍，会发现这些连续色调其实是由许多色彩相近的小方点所组成，这些小方点就是构成影像的最小单位“像素”。因此，用通俗的话来说，像素就是能单独显示颜色的最小单位或点，称作像素点或像点。

单一像素长与宽的比例不见得是正方形（1∶1），依照不同的系统，有“1.45∶1”以及“0.97∶1”的比例，每一个像素都有一个对应的色板。

像素与颜色的关系，如表 1-1 所示。

表 1-1　像素与颜色

1bit = 2 色	7bit = 128 色
4bit = 16 色	8bit = 256 色
5bit = 32 色	16bit = 32768 色
6bit = 64 色	24bit = 16777216 色

从表 1-1 可以看出，越高位的像素，其拥有的色板也就越丰富，越能表达颜色的真实感，图像的色彩层次也就越丰富。

1.2.2　分辨率

分辨率是指在单位长度内所含有的像素的多少，也就是点的多少。例如，说某幅图像的分辨率是 600，也就是表示该幅图像每单位长度内含有 600 个像素，或者 600 个点。

处理位图时要着重考虑分辨率问题。处理位图时，输出图像的质量取决于处理过程开始时设置的分辨率高低。分辨率是一个笼统的术语，它指一个图像文件中包含的细节和信息的大小，以及输入、输出或显示设备能够产生的细节程度。操作位图时，分辨率既会影响最后输出的质量也会影响文件的大小。处理位图需要三思而后行，因为给图像选择的分辨率通常在整个过程中都伴随着文件。无论是在一个 300dpi 的打印机还是在一个 2570dpi 的照排设备上印刷位图文件，文件总是以创建图像时所设的分辨率大小印刷，除非打印机的分辨率低于图像的分辨率。如果希望最终输出看起来和屏幕上显示的一样，那么在开始工作前，就需要了解图像的分辨率和不同设备分辨率之间的关系，但矢量图就不必考虑分辨率的问题。同时，不能把分辨率仅仅理解成图像的分辨率，分辨率有很多种，大致可以分为以下五个类型。

（1）图像分辨率。图像分辨率就是每单位图像含有的像素或者点数，其单位是点 / 英寸[①]，英文缩写成“dpi”。也可以用厘米（cm）作为单位计算分辨率。不同的单位所计算出来的分辨率是不相同的，用厘米计算的数值显然比前者小得多。如果没有特殊标明，通常人们用英寸为单位来表示图像分辨率的大小。

显然，图像分辨率的大小直接影响着图像的品质。图像的清晰度随着分辨率的提高而加大，同时，图像文件的容量也就增加。在实际工作中，应当根据实际需要选择经济的、合适的图像分辨率，因为图像分辨率的大小不同，计算机处理图像所需要的时间或者打印图像所需要的耗材就相差很大，特别是准备上传到互联网的图像，要充分考虑浏览者打开

① 1 英寸 = 0.0254 米。

网页所需要的时间和耐心。

（2）**屏幕分辨率**。屏幕分辨率也叫屏幕频率，主要是由屏幕本身和它所使用的软件来决定的。例如，VGA 显示卡的分辨率是 640 × 480，也就是说，其宽为 640 个像素，高为 480 个像素，直接说明了屏幕的尺寸。

（3）**设备分辨率**。设备分辨率是指每单位输出长度所代表的像素或者点数。设备分辨率是不能像图像分辨率那样进行修改的。数码相机、扫描仪、计算机显示器等设备都有各自固定的分辨率。

（4）**输出分辨率**。输出分辨率是指打印机等输出设备输出的图像每单位所产生的点数。输出分辨率越高，图像品质越好。

（5）**位分辨率**。位分辨率是用来表示图像的每个像素中存放多少颜色，衡量每个像素存储的信息位元数。如一个 24 位的 RGB 图像，就表示其各原色 R、G、B 均使用了 8 位，三者之和为 24 位。

1.3 图像的色彩模式

色彩模式是用来提供将一种颜色转换成数字数据的方法，从而使颜色能在多种媒体中得到连续的描述，并能跨平台使用。CorelDRAW、3Ds MAX、Photoshop 等软件都具有强大的图像处理功能，而对颜色的处理则是其强大功能中不可缺少的一部分。因此，了解一些有关颜色的基本知识和常用的视频颜色模式，对于生成符合人们视觉感官需要的图像无疑是大有益处的。

颜色的实质是一种光波。它的存在是因为有三个实体：光线、被观察的对象以及观察者。人眼是把颜色当作由被观察对象吸收或者反射不同波长的光波形成的。例如，当在一个晴朗的日子里，人看到阳光下的某物体呈现红色时，那是因为该物体吸收了其他波长的光，而把红色波长的光反射到人眼里。当然，人眼所能感受到的只是波长在可见光范围内的光波信号。当各种不同波长的光信号一同进入眼睛的某一点时，人的视觉器官会将它们混合起来，作为一种颜色接受下来。同样，在对图像进行颜色处理时，也要进行颜色的混合，但要遵循一定的规则，即在不同颜色模式下对颜色进行处理的。下面介绍常见的色彩模式。

1.3.1　RGB 色彩模式

常用的颜色模式是一种加光模式，是基于与自然界中光线原理相同的基本特性，万紫千红的颜色都是由红（Red）、绿（Green）、蓝（Blue）三种波长的基色光叠加产生。在自然界里，所有颜色都是通过这三种颜色合成的，通过合成，可以模拟出多种颜色。计算机显示器上的颜色系统便是此种模式。这三种基色中每一种都有 0 ~ 255 的值，通过对不同值的红、绿、蓝三种基色进行组合来改变像素的颜色。RGB 模式的色彩表现力很强，三种基色混合起来可以产生 1 670 万种颜色，也就是常说的真彩。由此所产生的很多颜色只能用于屏幕显示，而无法印刷出来。

RGB 色彩模式是 Photoshop 中最常见的一种色彩模式，不管是扫描仪输入的图像，还是绘制的图像，几乎都是以 RGB 色彩模式储存的。在 RGB 色彩模式下处理图像比较方便，存储空间较小。在 RGB 色彩模式下，能使用 Photoshop 中所有的命令和滤镜。

RGB 色彩模式的图像支持多个图层，具有 R、G、B 三个单色通道和一个由它们混合颜色的彩色通道。

在 RGB 色彩模式的图像中，某种颜色的含量越多，那么这种颜色的亮度也越高，由其产生的结果中这种颜色也就越亮。例如，如果三种颜色的亮度级别都为 0（亮度级别最低），则它们混合出来的颜色就是黑色；如果它们的亮度级别都为 255（亮度级别最高），则其结果为白色，这和自然界中光的三原色的混合原理相同。RGB 色彩模式的颜色混合原理如图 1-1 所示。

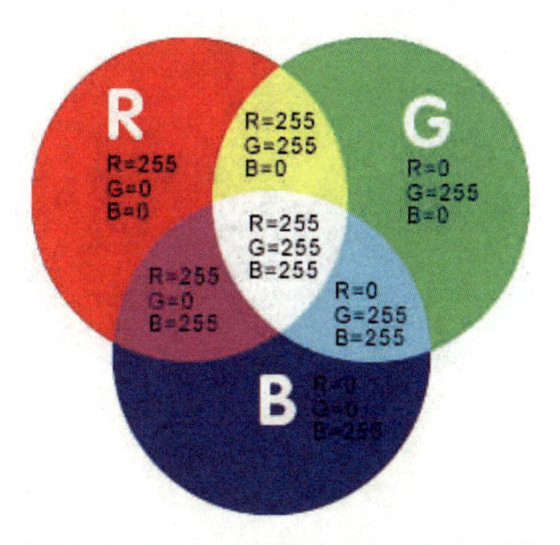

图 1-1　RGB 色彩模式的颜色混合原理

RGB 色彩模式是目前运用最广泛的色彩模式之一，它能适应多种输出的需要，并能较完整地还原图像的颜色信息。如现在大多数的显示屏、RGB 打印、多种写真输出设备都需要用 RGB 色彩模式的图像来输出。

1.3.2 CMYK 色彩模式

CMYK 色彩模式是一种印刷的颜色模式。它由分色印刷的四种颜色组成，C、M、Y、K 分别代表青色、洋红色、黄色和黑色。其本质与 RGB 色彩模式没有什么区别，但它产生色彩的方式不同。RGB 模式产生色彩的方式是加色法，而 CMYK 色彩模式的方式是减色法，因此该模式又称为减色模式。青色与红色、洋红色与绿色、黄色与蓝色为互补色。如果将 R、G、B 的值都设置为 255，然后将 R 设置为 0，通过从基色光中减去红色的值就得到青色。同样，从基色光中减去绿色的值就得到洋红色；从基色光中减去蓝色的值就得到黄色。在 CMYK 色彩模式下，每一种颜色都是以青色、洋红色、黄色和黑色四种颜色的百分比来表示，原色的混合将产生更暗的颜色。在处理图像时，通常不采用 CMYK 模式，因为这种模式文件大，占用空间与内存较大。在这种模式下，有很多滤镜不能用，所以在 Photoshop 中，只有设计印刷品时才使用 CMYK 色彩模式。

CMYK 色彩模式的图像支持多个图层。据有 C、M、Y、K 四个单色通道和一个由它们混合颜色的彩色通道。

CMYK 色彩模式的图像中，某种颜色的含量越多，如同印刷中某种油墨的浓度越高，那么它的亮度级别就越低，在其结果中这种颜色表现得就越暗，这一点与 RGB 色彩模式的颜色混合是相反的。它和颜色的物理混合原理相同。CMYK 色彩模式的颜色混合原理如图 1-2 所示。

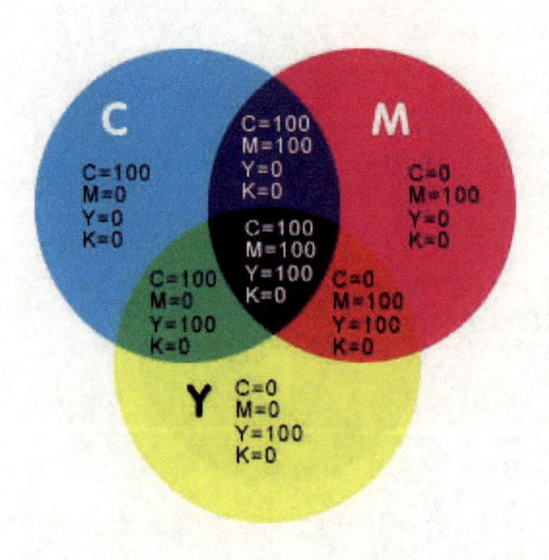

图 1-2 CMYK 色彩模式的颜色混合原理

由于 CMYK 色彩模式所能产生的颜色数量要比 RGB 色彩模式产生的颜色数量少，所以当 RGB 色彩模式的图像转换为 CMYK 色彩模式后，图像的颜色信息会有明显的损失。

CMYK 色彩模式能完全模拟出印刷油墨的混合颜色，目前主要应用于印刷技术中。虽然它所产生的颜色并没有 RGB 色彩模式丰富，但是它在颜色的混合中比 RGB 色彩模式多了一个黑色通道，这样所产生的颜色的纵深感要比 RGB 色彩模式更加稳定。RGB 图像会让人产生“漂”或“浮”的感觉，这是由于它没有黑色通道，所以感觉颜色的暗部深不下去。

1.3.3 LAB 色彩模式

LAB 色彩模式是一种不太常见的色彩模式，它以两个颜色分量 A、B 以及一个亮度分量 L 来表示，其中 A 是由绿到红的光谱变化，范围是−120 ~ 120；B 是由蓝到黄的光谱变化，范围是−120 ~ 120；L 代表亮度，范围是 0 ~ 100。LAB 色彩模式结合亮度的变化来模拟各种各样的颜色。通常情况下，人们很少使用 LAB 色彩模式，但使用 Photoshop 进行图像处理时，实际上已经使用了这种模式，因为 LAB 色彩模式是 Photoshop 内部的色彩模式。如在人们要将 RGB 色彩模式图像转换成 CMYK 色彩模式图像时，Photoshop 首先将 RGB 色彩模式转换成 LAB 色彩模式，然后再由 LAB 色彩模式转换成 CMYK 色彩模式。因此 LAB 色彩模式是目前包含色彩最广泛的一种模式，它能毫无偏差地在不同系统和平台之间进行转换。

1.3.4 索引色彩模式

索引色彩模式（Indexed Color）在制作多媒体或者网页时十分有用，因为这种色彩模式的图像要比 RGB 色彩模式的图像小得多，大约是 RGB 色彩模式的三分之一，因此可以大大减少文件存储空间。在索引色彩模式下，每个颜色都不能改变它的亮度，如果图像文件中的颜色亮度与其中的颜色亮度不符合，则它会自动将图像的色彩以相近的色彩取代，使图像文件只显现 256 色。这就使得索引色彩模式对于连续的色调处理无法像 RGB 色彩模式或者 CMYK 色彩模式那么平顺，因此多用于网络或动画中。

当图像转化为索引色彩模式后，通常会构建一个调色板来存放索引图像的颜色，如果原图像中的一种颜色没有出现在调色板中，程序会自动地选取已有颜色中最接近的颜色来模拟该颜色。

1.3.5　HSB 色彩模式

HSB 色彩模式是一种基于人的直觉的色彩模式，利用此种色彩模式可以轻松自然地选择各种不同明亮度的颜色，许多用传统技术工作的画家或者设计者习惯使用此种色彩模式，它为将自然颜色转换成计算机创建的色彩提供了一种直觉的方法。

基于人对颜色的感觉，可以将颜色看作是由色相（H）、饱和度（S）、明亮度（B）组成的。这里的色相是指物体反射或者透射的光的波长，也就是通常说的红色、蓝色等，范围是 0 ~ 359。饱和度是颜色成分所占的比例，范围是 0 ~ 100%。当饱和度为 0 时，其色彩即为灰色（白、黑与其他灰度色彩没有饱和度）；当饱和度为 100%时，其色彩变得最为鲜艳。明亮度是指颜色的明亮程度，范围也是 0 ~ 100%。最大明亮度是色彩最鲜明的状态。

1.3.6　灰度模式

灰度模式在图像中使用不同的灰度级。在 8 位图像中，最多有 256 级灰度。灰度图像中的每个像素都有一个 0（黑色）到 255（白色）之间的亮度值。在 16 位和 32 位图像中，图像中的级数比 8 位图像要大得多。

灰度值也可以用黑色油墨覆盖的百分比来度量（0% 相当于白色，100% 相当于黑色）。

灰度模式使用“颜色设置”对话框中指定的工作空间设置所定义的范围。

在 Photoshop 里对彩色图像执行“图像—模式—灰度”，会弹出警告对话框，提示此操作会扔掉图像的颜色信息，并且不能恢复（除非使用历史记录取消操作）。

如果图像中含有多个图层，则在转换过程中会提示是否在扔掉颜色信息时合并图层。

灰度模式的图像支持多个图层，如果选择不合并图层，则其转换后的图层信息被完全保留。图 1-3 和图 1-4 是色彩模式转化前后的效果。

图 1-3　原图

图 1-4　转换后的灰度图

在图 1−3 中，当彩色模式的图像转换为灰度模式时，Photoshop 会自动计算每种彩色相对灰度的亮度，并将灰度图像还原，从而得到完整的灰度图像。

灰度模式的图像也可以转换为其他的彩色模式，转换过程中，灰度色会被其他色彩模式的颜色代替。如转换为 RGB 色彩模式或 CMYK 色彩模式时，在人的视觉上还是一张灰度图片，但是它原有的灰度色已经被构成 RGB 或 CMYK 的各种单色混合出来的灰色代替了。

1.3.7　位图模式

位图模式使用两种颜色值（黑色或白色）之一表示图像中的像素。位图模式下的图像被称为位映射或位图像，因为其位深度为 1。位图模式的图像也叫做黑白图像，它包含的信息最少，因而图像也最小。当一幅彩色图像要转换成黑白模式时，不能直接转换，必须先将图像转换成灰度模式。由于位图模式只用黑白色来表示图像的像素，在将图像转换为位图模式时会丢失大量细节，因此 Photoshop 提供了几种算法来模拟图像中丢失的细节。在宽度、高度和分辨率相同的情况下，位图模式的图像尺寸最小，约为灰度模式的 1/7 和 RGB 色彩模式的 1/22。

1.3.8　双色调模式

双色调模式用一种灰色油墨或彩色油墨来渲染一个灰度图像。该模式最多可向灰度图像添加四种颜色，从而可以打印出比单纯灰度更有趣的图像。

双色调模式采用 2 ~ 4 种彩色油墨混合其色阶来创建双色调（2 种颜色）、三色调（3 种颜色）、四色调（4 种颜色）的图像，在将灰度图像转换为双色调模式的图像过程中，可以对色调进行编辑，产生特殊的效果，使用双色调的重要用途之一是使用尽量少的颜色表现尽量多的颜色层次，减少印刷成本。

双色调模式支持多个图层，但它只有一个通道。在 Photoshop 中对灰度图像执行“图像—模式—双色调”调出双色调选项面板，如图 1−5 所示。

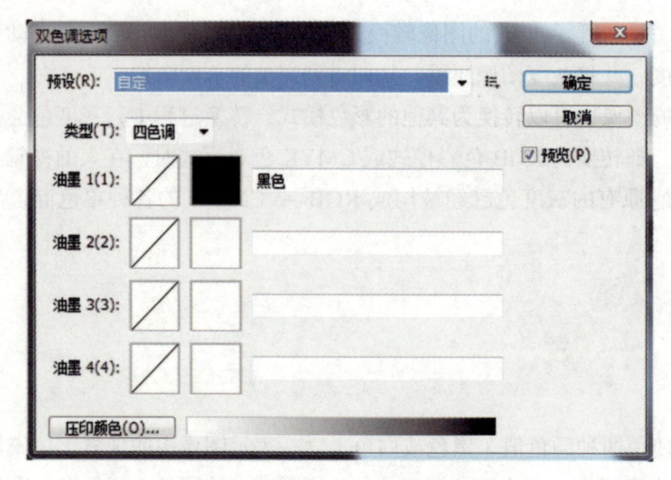

图 1-5 “双色调选项”面板

在类型中，可以设置所要混合的颜色数目，包括：单色调、双色调、三色调、四色调；在中间的颜色方框中，可以任意指定用何种颜色来混合；单击其左边的曲线框，可以在调出的双色调曲线面板中调节每种颜色的浓淡，如图 1-6 所示。

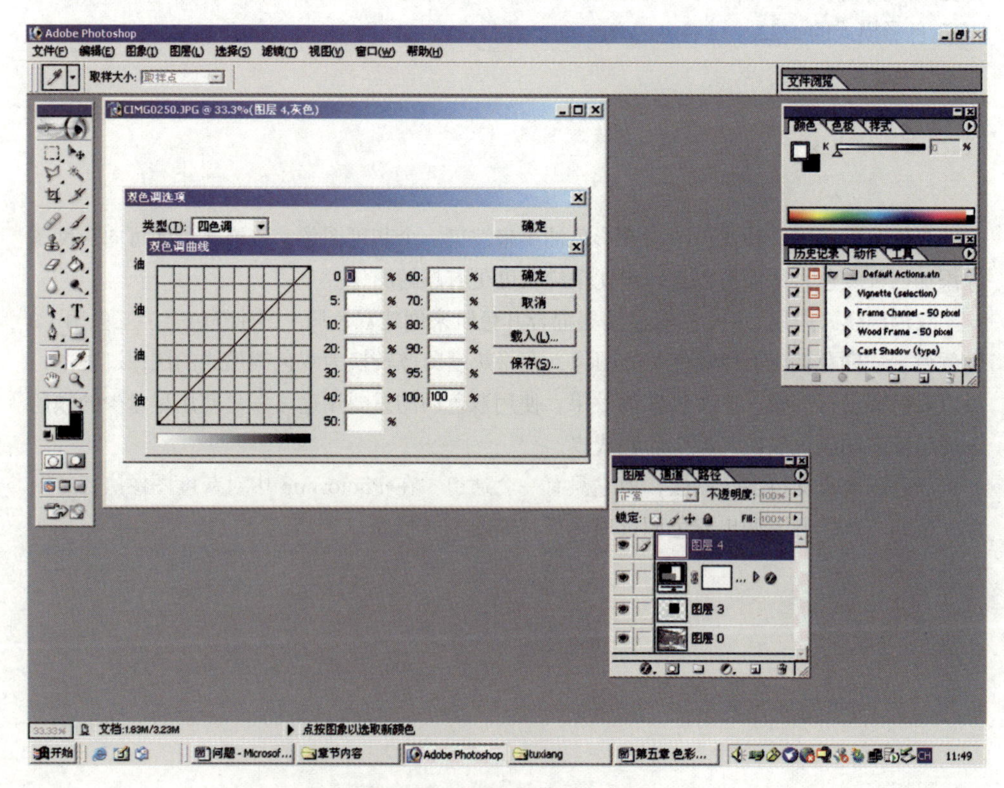

图 1-6 “双色调曲线”面板

将一只黄色的蝴蝶（如图 1-7 所示）通过转换为双色调模式呈现出一种古朴的蓝色的效果，如图 1-8 所示。

图 1-7 原图

图 1-8 转换成双色调模式后的图像

双色调模式只能模拟出印刷的套色，并不能在真正意义上还原图像的本色。运用这种方式，可以对黑白图片进行加色处理，得到一些特别的颜色效果。这种方法在处理一些艺术照片时会经常用到。

1.3.9 多通道模式

多通道模式对有特殊打印要求的图像非常有用。例如，如果图像中只使用了一两种或两三种颜色，使用多通道模式可以减少印刷成本并保证图像颜色的正确输出。6 位 / 8 位 / 16 位通道模式在灰度模式、RGB 色彩模式或 CMYK 色彩模式下，可以使用 16 位通道来代替默认的 8 位通道。根据默认情况，8 位通道中包含 256 个色阶，如果增到 16 位，每个通道的色阶数量为 65536 个，这样能得到更多的色彩细节。Photoshop 可以识别和输入 16 位通道的图像，但对于这种图像限制很多，所有的滤镜都不能使用，另外，16 位通道模式的图像不能被印刷。

1.3.10 色彩模式的转换

在 Photoshop 中可以将图像从原来的模式（源模式）转换为另一种模式（目标模式）。当为图像选取另一种颜色模式时，将永久更改图像中的颜色值。例如，将 RGB 图像转换为 CMYK 色彩模式时，位于 CMYK 色域（由“颜色设置”对话框中的 CMYK 工作空间设置定义）外的 RGB 颜色值将被调整到色域之内。因此，如果将图像从 CMYK 色彩模式转换回 RGB 色彩模式，一些图像数据可能会丢失并且无法恢复。

在转换图像之前，最好执行下列操作：

（1）尽可能在原图像模式下进行编辑（通常，大多数扫描仪或数字相机使用 RGB 图像模式，传统的滚筒扫描仪所使用的模式以及从 Scitex 系统导入的图像模式为 CMYK 图像模式）。

（2）在转换之前存储副本。务必存储包含所有图层的图像副本，以便在转换后编辑图像的原版本。

（3）在转换之前拼合文件。当颜色模式更改时，图层混合模式之间的颜色相互作用也将更改。

注意：大多数情况下，我们都会希望在转换文件之前先对其进行拼合。但是，这并不是必需的，而且在某些情况下，这种做法也不是很理想（例如，当文件具有矢量文本图层时）。

图像模式的转换通过选取软件“图像”菜单“模式”命令来实现，然后从子菜单中选取所需的模式，不可用于现用图像的模式在菜单中呈灰色。图像在转换为多通道模式、位图模式或索引色彩模式时应进行拼合，因为这些模式不支持图层。

图形图像的文件格式及其转换

1.4.1 图形图像的文件格式

1. PSD（*.psd）

PSD（Adobe Photoshop Document）是 Photoshop 中使用的一种标准图形文件格式，即

使用 Photoshop 软件所生成的图像格式。这种格式支持 Photoshop 中所有的图层、通道、参考线、注释和颜色模式，还能够自定义颜色数并加以存储。虽然 PSD 文件在保存时已经将文件压缩以减少磁盘存储空间，但由于 PSD 格式包含图像数据信息较多，如图层、通道、剪辑路径、参考线等，因此，其文件大小要比其他格式的图像文件大得多。PSD 文件的优点是能够将不同的物件以层（Layer）的方式来分离保存，便于修改和制作各种特殊效果。

需要注意的是，如果 PSD 格式图像文件保存为其他格式的图像文件，则在保存时会合并图层，并且保存后的图像将不再具有任何图层。另外，目前只有很少几种图像处理软件能够读取这种格式。

2. JPEG（*.jpeg; *. jpg）

JPEG（Joint Photographic Expert Group）是一种高效率的压缩格式，其压缩率是目前各种图像文件格式中最高的。它用有损压缩的方式去除图像的冗余数据，但存在着一定的失真。由于其高效的压缩效率和标准化要求，目前已广泛用于彩色传真、静止图像、电话会议、印刷及新闻图片的传送。由于各种浏览器都支持 JPEG 这种图像格式，因此它也被广泛用于图像预览和制作 HTML 网页。

3. PNG（*.png）

PNG（Portable Network Graphics）是 Macromedia 公司的 Fireworks 软件的默认文件格式。PNG 是目前保证最不失真的格式。它汲取了 GIF 与 GPEG 两者的优点，存储形式多种多样，兼有 GIF 与 GPEG 的色彩模式，其图像质量远胜过 GIF。与 GIF 一样，PNG 也使用无损压缩方式来减少文件的大小。PNG 图像可以是灰阶的（16 位）或彩色的（48 位），也可以是 8 位的索引色，但 PNG 图像格式不支持动画。

4. PDF（*.pdf）

PDF 格式是 Adobe 公司专为线上出版而制定的格式，它以 PostScript Level2 语言为基础，因此可以覆盖矢量图形与位图图像，并且支持超链接。它可以包含图形与文本，是网络下载经常使用的图形文件格式。Adobe PDF 文件紧凑，易于交换。无论创建它时使用的是何种应用程序或平台，文件的外观同原始文档无异，保留了原始文件的字体、图像、图形和布局。由 Adobe 发明的便携文档格式 （PDF），已成为全世界各种标准组织用来进行更加安全可靠的电子文档分发和交换的出版规范。

图形图像的其他文件格式

1.4.2 文件格式转换

1. 利用 ACDSee 进行格式转换

在 ACDSee 中打开保存有图像文件的文件夹，右键单击需要转换的图像文件，选择“转换”命令，将打开“图像格式转换”对话框，在“格式”列表中选择需要转换的文件格式，然后单击“选项”按钮，在打开的对话框中单击“在下列文件夹中放置已修改的图像”选项，设置好输出文件夹的位置，单击“确定”按钮即可。值得注意的是，选中多个图像文件，可实现批量转换。

2. 利用图像编辑软件转换

图像编辑软件（如 Windows 自带的“画图”程序、Photoshop 等）支持且能处理绝大部分格式的图像。所以，利用图像编辑软件打开一幅图像，然后单击“文件—另存为”菜单命令，在打开的“保存”对话框中的“保存类型”框中选择另一种格式保存即可。

3. 利用其他常用转换工具转换

（1）利用 Advanced Batch Converter 转换。运行 Advanced Batch Converter，在主界面中单击“Batch mode”（批量模式）按钮，打开相应的对话框，在右边的图像文件选择框中，选择需要转换的图像文件，单击“Add”（添加）或“Add all”（全部添加）按钮添加图像文件。在“Output format”（输出格式）列表中设置好输出的文件类型，然后单击“Start”（开始）按钮即可。

另外，在“Batch mode”对话框中单击选中“Use advanced Options”（使用高级选项）选项，然后单击“Options”（选项）按钮，即可在打开的对话框中对图像转换后的尺寸大小、像素、DPI 和色彩效果按设置值进行自动修改。

（2）利用 ImageConverter Plus 转换。运行 ImageConverter Plus，在主界面中单击“Files”（文件）选项卡，单击“Add file”（添加文件）或“Add folder”（添加目录）按钮，在打开的对话框中添加需要转换的图像文件。然后单击“script”（转换脚本）选项，单击“Save image PCX format”（将文件保存为 XX 格式）选项，在打开的菜单中选择转换的文件格式，单击“Converted images will be saved to”（转换后的文件保存目录）选项，在打开的菜单中选择转换后文件的保存目录。设置完毕，单击“确定”按钮即可。

第2章

Photoshop CC 图像处理基础

2.1 Photoshop 软件的操作界面

Photoshop 简介

2.1.1 Photoshop 的窗口外观

启动 Photoshop 软件之后，在 Photoshop 的桌面环境的文件菜单上选择“打开”命令，打开一幅图像，如图 2-1 所示。Photoshop 界面主要包括标题栏、菜单栏、工具选项栏、工具箱、图像窗口、工作区域、面板和状态栏等。

图 2-1　Photoshop 的桌面环境

Photoshop CS6
与 Photoshop CC
新增功能比较

2.1.2 标题栏与菜单栏

Photoshop 的标题栏在操作界面的顶部，用来显示应用软件的名称，即 Photoshop Extended。当编辑的图像文件最大化时，后面还会出现当前编辑的文档的名称、缩放比例与色彩模式等信息。

菜单栏如图 2-2 所示。

文件(F) 编辑(E) 图像(I) 图层(L) 文字(Y) 选择(S) 滤镜(T) 3D(D) 视图(V) 窗口(W) 帮助(H)

图 2-2 菜单栏

菜单栏在标题栏的下面，共有 11 个主菜单选项，提供了 Photoshop 的主要功能。主菜单的选项有：文件（F）、编辑（E）、图像（I）、图层（L）、文字（Y）、选择（S）、滤镜（T）、3D（D）、视图（V）、窗口（W）和帮助（H）。当要使用某个菜单命令时，只需将鼠标指针移动到菜单名上单击，即可弹出下拉菜单，其中包含了这个菜单中的所有命令，可以从中选择所要使用的命令。菜单的形式与其他基于 Windows 的应用软件的菜单一样，都遵守共同的约定。即如果某菜单项呈现暗灰色，则该菜单项在当前状态下不能使用；如果某个菜单项后面有个箭头，则表示该菜单项有下级子菜单；如果某菜单项后面有省略号，则表示单击该菜单项后会出现对话框；如果菜单项后面有个钩，则说明该菜单项已经选定。有些菜单命令有快捷键，标示在菜单项的后面，可以直接使用快捷键来执行菜单命令，从而提高工作效率。Photoshop 也提供了快捷菜单，在操作界面中的任何地方单击鼠标右键，都可以调出快捷菜单。快捷菜单根据右击的位置不同和编辑状态的不同而有所差异，但它列出了当前状态下最可能要进行的操作命令。

2.1.3 工具箱与工具选项栏

在操作窗口界面的左边，有一个工具箱，存放着用于创建和编辑图像的各种工具，如图 2-3 所示。

从上到下分别是：“选择工具”“绘制与编辑工具”“路径与文字工具”“显示缩放与移动工具”“前景色与背景色编辑工具”“前景色与背景色切换工具”“快速蒙版切换模式工具”“屏幕模式切换工具”按钮。利用图像编辑工具栏内的各种工具，可以进行文字的输入、选择选区、编辑图像、注释与查看图像等操作。

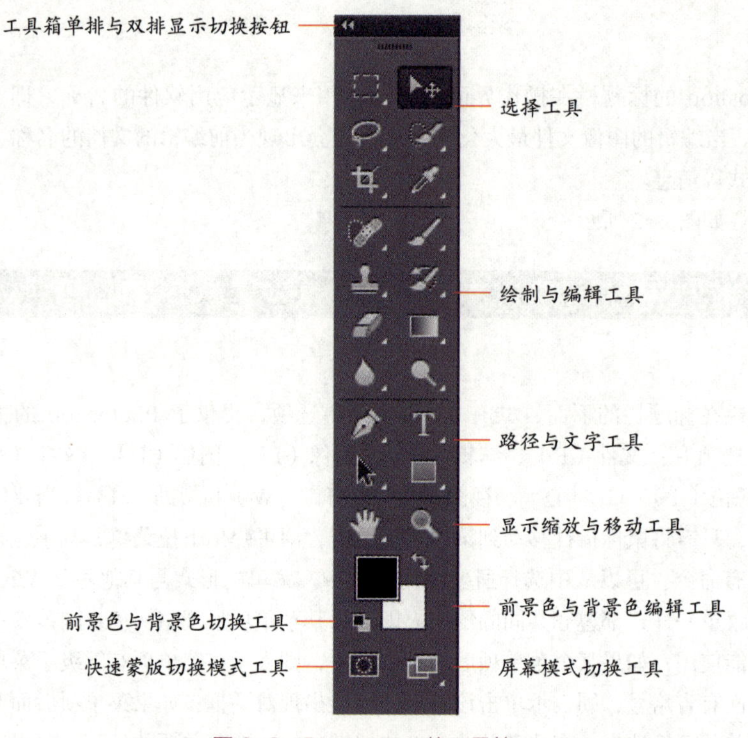

图 2-3　Photoshop 的工具箱

Photoshop 的工具箱可以显示，也可以隐藏，单击“窗口”菜单，在弹出的下拉菜单中取消“工具”选项前面的钩，就可以隐藏工具箱。再次单击“窗口”菜单下的“工具”选项，就可以显示工具箱。如果要移动该工具箱，则可以用鼠标单击工具箱顶部并按住鼠标不放，就可以移动工具箱到屏幕的任何部位。如果将鼠标在工具箱内的某一按钮上稍停片刻，该按钮的名称和相应的快捷键就会显示出来。

在很多工具的右下方均有三角形标记，即该工具下还有其他类似的工具组。工具组内的各工具是可以互相切换的，用鼠标单击（左键或右键）工具组即可调出组内不同的工具，再单击组内某个按钮即可完成工具组内的工具切换。选取工具组内的各工具，如图 2-4 所示。

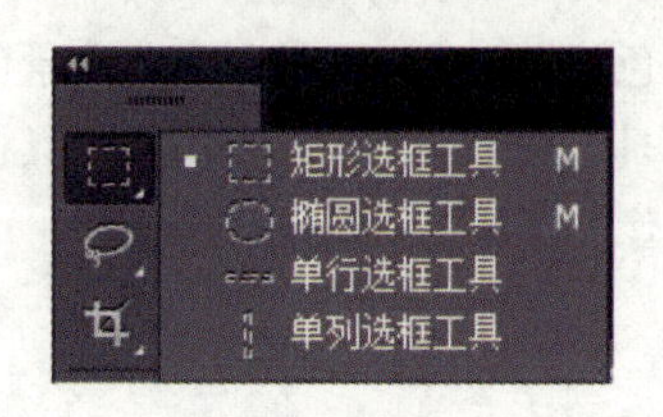

图 2-4　工具组

当选择使用某工具，工具选项栏则列出该工具的选项；按工具上提示的快捷键就可以使用该工具，同时按 Shift 键和工具上提示的快捷键切换字母键，可以选用相应的工具。按 TAB 键可以显示或隐藏工具箱、工具选项栏和调板等，按 F 键可以切换屏幕三种模式（标准屏幕模式、带有菜单栏的全屏模式、全屏模式）。

工具选项栏在菜单栏下面，其主要功能是设置各工具的参数，对工具的属性进行定义。工具选项栏与上下文有关，并且会随所选的工具不同而发生变化。如选中文字工具“T”后，其选项栏如图 2-5 所示。

图 2-5　工具选项栏

工具选项栏分为三部分：头部区在最左边，用鼠标拖动它，可以移动工具选项栏的位置；工具按钮在头部区的右边，通常有向下的箭头可以调出相应菜单；参数设置区由一些按钮、复选框和下拉列表框等组成。工具选项栏内的一些设置都是通用的，但也有一些设置则专门用于某个工具。如用于铅笔工具的“自动抹掉”的设置就是如此。

2.1.4　图像窗口和状态栏

图像窗口也叫画布窗口，是用来显示图像、绘制图像和编辑图像的窗口。图像窗口的排列如图 2-6 所示。在图像窗口的标题栏上，除了图像的名字，还有缩放比例和色彩模式等信息。当图像窗口最大化时，这些信息会在主窗口的标题栏上合并。在 Photoshop 中可以同时打开多个图像文档进行编辑，但只能在一个窗口内进行操作。单击某个图像窗口的内部或者标题栏即可选择该图像窗口，使其成为当前窗口。多个图像窗口可以通过“窗口”菜单下“排列”子菜单中的各个命令进行调节，如“平铺”“层叠”或“在窗口中浮动”等。对于已经最小化的图像窗口，可以通过“排列”中的一些命令使其重新排列。

状态栏位于窗口的最底部，主要用于显示图像处理的各种信息，例如图像的尺寸、通道类型、分辨率大小等，如图 2-7 所示。状态栏最左边的是图像显示比例的文本框，该文本框内显示的是当前图像窗口内图像的显示百分比，可以通过选中该文本框并双击鼠标来修改显示比例。状态栏上还显示当前图像窗口内图像文件的大小、虚拟内存的大小、效率，当前使用的工具等信息。状态栏上有个下拉菜单按钮，单击它可以调出状态栏选项的下拉菜单。在操作过程中，状态栏还可以显示当前选中工具的操作方法或者工作状态。

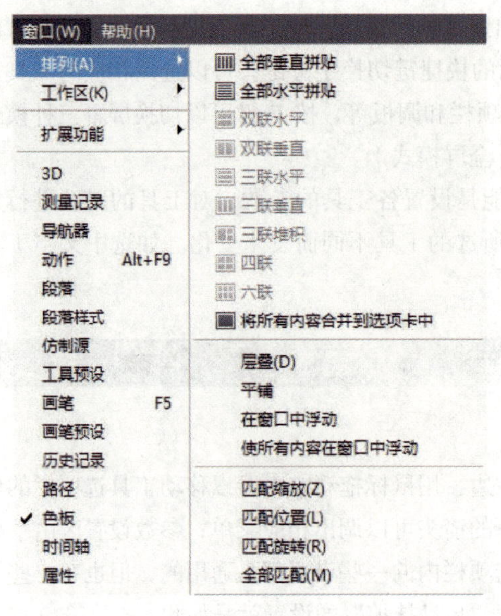

图 2-6　图像窗口的排列

宽度：800 像素(2032 厘米)
高度：415 像素(1054.1 厘米)
通道：3(RGB 颜色，8bpc)
分辨率：1 像素/英寸
文档:972.7 K/963.5K

图 2-7　状态栏

2.1.5　面板

Photoshop 中的面板是极其重要的图像处理辅助工具，如图 2-8 所示。它是 Photoshop 特有的界面形式，可用于监视与修改图像。由于它可以方便地拆分、移动和组合，所以也可以把它叫做浮动面板。要完成 Photoshop 的制作，面板的应用是必不可少的。Photoshop 提供了 26 个左右的面板，其中，最重要的是“画笔”“图层”“通道”“路径”“色板”“颜色”等，所有面板都可以在“窗口”菜单中找到。

图 2-8　面板

在默认情况下，面板均以面板组的方式堆叠在面板组中，要使用某一个面板，用鼠标单击该选项卡，或者从“窗口”菜单中选择该面板的名称，它就会显示在其所在组的最前面。面板的右上角均有一个黑色箭头按钮，单击该按钮可以调出面板菜单，利用它可以扩充面板的功能。双击面板的标题栏，可以将面板收缩，再次双击标题栏，则可以将面板展开。

如果用鼠标选中某个面板组中的面板标签并拖动，就可以将该面板移出面板组，用鼠标拖动面板标签到其他面板组中，就可以合并面板。面板的位置移动与窗口大小的调整与 Windows 中的窗口操作相同，如果要将各面板恢复到系统默认的状态，可单击“窗口”菜单下的“工作区”子菜单中的“复位基本功能”命令即可。展开的工作区菜单如图 2-9 所示。

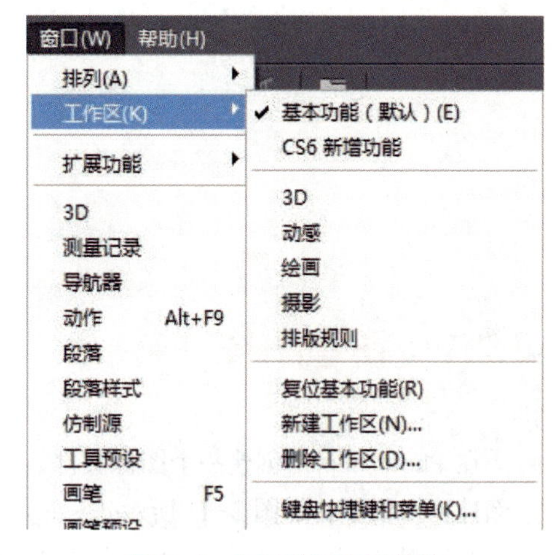

图 2-9　展开的工作区菜单

Photoshop 可以将当前的工作状态保存起来，以便下一次打开 Photoshop 能立即使用自己熟悉的工作环境。其操作是单击“窗口”菜单下的“工作区”子菜单下的“新建工作区”命令，可以调出“新建工作区”对话框，如图 2-10 所示。在对话框中输入储存工作区名称，单击“存储”按钮，就可以将当前工作状态保存起来。对于已经储存起来的工作区可以删除。在多个工作区也可以方便地进行切换，其操作都是通过“窗口”菜单下“工作区”子菜单下所包含的命令与选项来完成。

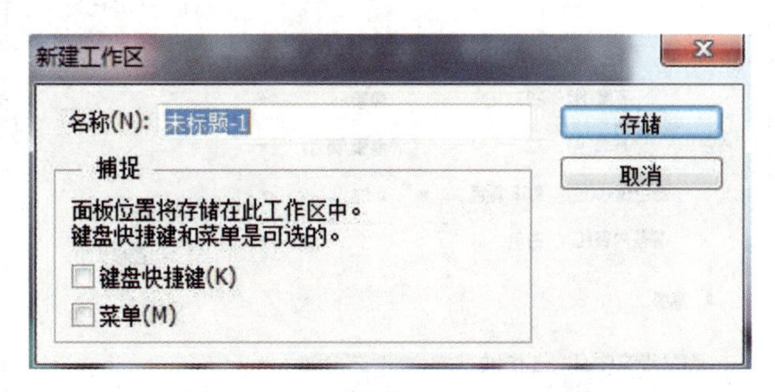

图 2-10　“新建工作区”对话框

2.2 文件的创建与系统优化

2.2.1 新建图像文件

在 Photoshop 中创建一个图像文件，可以单击“文件”菜单下的“新建”命令，调出“新建”对话框，如图 2-11 所示。

在该对话框中有多个选项，其中“名称”文本框用于输入图像文件的名称；右侧的“图像大小”后面的数值是 Photoshop 自动计算出来的，其大小与文件的高度、宽度、分辨率、色彩模式都有关。

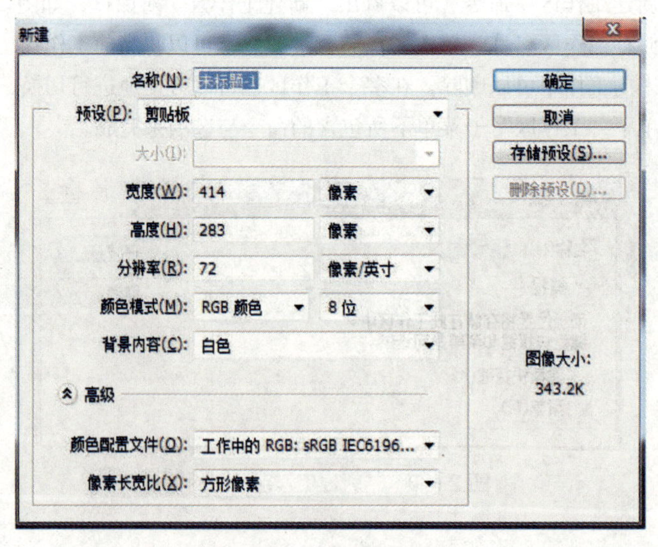

图 2-11 “新建”对话框

在“预设”栏的各选项中，“宽度”与“高度”用来设置图像尺寸的大小，可以选择像素、英寸、厘米等单位。“分辨率”是指图像的分辨率，根据需要来设置，如果新建的图像只是在计算机上使用，就可以将图像的品质设置得高一点，但一般都是 72 像素 / 英寸。如果需要打印或者印刷，则需要根据要求来设置，一般为 300 像素 / 英寸。“颜色模式”是指图像的色彩模式，可以根据需要进行选择，“位”是指颜色位深度，一般有 8 位、16 位、32 位图像。“背景内容”选项组中，“白色”选项是指打开白色背景；“背景色”选项是指以工具箱中所设置的背景色作为新文件的背景色；“透明”选项则将背景色设置为透明，显示为灰白相间的棋盘图案。各选项设置好后，单击“确定”按钮，即可建立一个图像文件。

2.2.2　保存图像文件

Photoshop 支持多种文件格式，因此可以根据需要将图像保存为不同格式的文件。对所要保存的文件，可以按以下操作步骤进行：

单击“文件”菜单下的“存储”命令。如果还未对图像文件命名，则会弹出“存储为”对话框，具体参数设置如图 2-12 所示。

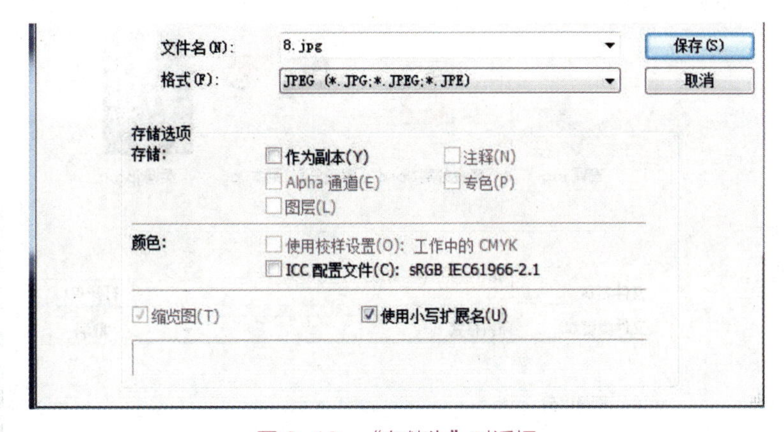

图 2-12　“存储为”对话框

利用这个对话框，可以根据需要选择文件存储的路径、文件名、文件格式等，还可以确定是否保存图像的图层、通道与 ICC 配置文件。如前所述，保存图像文件时只有采用 Photoshop 格式，即.psd 格式，才能保存图像的图层、通道与蒙版等。如果保存为 TIFF 格式，则只能保存图像的通道等。各选项设置好后，单击“保存”按钮，即可将文件保存。

2.2.3 打开图像

在 Photoshop 中要打开原有的图像，可以单击“文件”菜单中的“打开”命令，或者在窗口中双击就会弹出“打开”对话框，如图 2-13 所示。

图 2-13 “打开”对话框

在“打开”对话框中，默认的文件类型是所有格式，因此，在当前文件夹下的所有文件都会显示出来。如果从下拉列表框中选择某种文件格式，则只显示当前文件夹下相应格式的文件。在当前文件夹下选择某一文件名时，“打开”对话框下面部分会显示所要打开文件的预览图及其文件的大小。

2.2.4　图像文件的显示与辅助工具

1. 图像文件的显示控制

Photoshop 提供了许多工具，如抓手工具、缩放工具、缩放命令和导航面板等，让使用者可以十分方便地按照不同的放大倍数查看图像的不同区域。下面分别作简要介绍。

（1）使用工具箱的抓手工具来改变图像的显示部位。当打开的图像很大，或者操作中将图像放大，以至于窗口中无法显示完整的图像时，如果需要查看图像的各个部位，就可以使用抓手工具来移动图像的显示区域。使用时，先单击工具箱的“抓手工具”按钮，再在画布窗口内的图像上拖动鼠标，即可以调整图像的显示部位。如果双击工具箱的“抓手工具”就可以使图像尽可能大地显示在屏幕中。抓手工具的选项栏上有四个按钮，它们分别是：“实际像素”“适合屏幕”“填充屏幕”“打印尺寸”，如图 2-14 所示。“实际像素”是指使窗口以 100%的比例显示，与双击“缩放工具”的效果相同。“适合屏幕”是指使窗口以最合适的大小和显示比例显示，以完整地显示图像。“打印尺寸”是指按图像 1∶1 的打印尺寸显示。

图 2-14　抓手工具选项栏

（2）使用导航器面板改变图像的显示比例和显示部位。通过导航器面板来改变图像显示比例与显示部位是最为简便的方法，如图 2-15 所示。导航器面板下方显示了当前图像的显示比例，可以拖动右侧的三角形滑块或者改变文本框内的数值来改变显示图像的比例。导航器正中显示的是当前编辑图像的缩略图，中间红色的矩形表示的是工作区中图像窗口中的显示部位，当图像大于画布时，可以拖动红色矩形，改变图像窗口中的显示部分。

图 2-15　导航器

（3）使用菜单命令改变图像的显示比例。在“视图”菜单中，有“放大”“缩小”“满画布显示”“实际像素”“打印尺寸”命令。通过这些菜单命令的使用，可以改变图像的显示比例。

（4）使用工具箱的“缩放工具”改变图像的显示比例。单击工具箱上的“缩放工具”按钮，再单击画布窗口的内部，就可以将图像显示比例放大。按住 Alt 键，并单击画布窗口的内部即可将图像显示比例缩小。用鼠标拖动选中图像的一部分，即可使该部分图像布满整个画布窗口。

2. 标尺、参考线与网格

标尺、参考线与网格都是用来图像定位与测量的工具。

（1）标尺是用来显示当前鼠标所在位置的坐标，使用标尺可以更准确地对齐对象与选取范围。使用标尺的效果图，如图 2-16 所示。

图 2-16　使用标尺的效果图

需要使用标尺时，单击“视图”菜单下的“标尺”命令。就会在窗口顶部与左边出现标尺。默认状态下，标尺的原点在窗口的左上角，坐标为（0，0）。鼠标在图像窗口移动时，水平标尺与垂直标尺上会出现一条虚线，该虚线所在位置的坐标会随着鼠标的移动而移动。

标尺的刻度单位一般情况下是厘米，当然也可以调整。双击标尺，就会弹出一个“首选项”对话框。在该对话框中，可以根据需要设置相关参数，如图 2-17 所示。

（2）参考线是浮在整个图像上但不打印的线，它可以更方便地对齐图像，并可以移动、删除、锁定参考线。使用参考线的效果如图 2-18 所示。

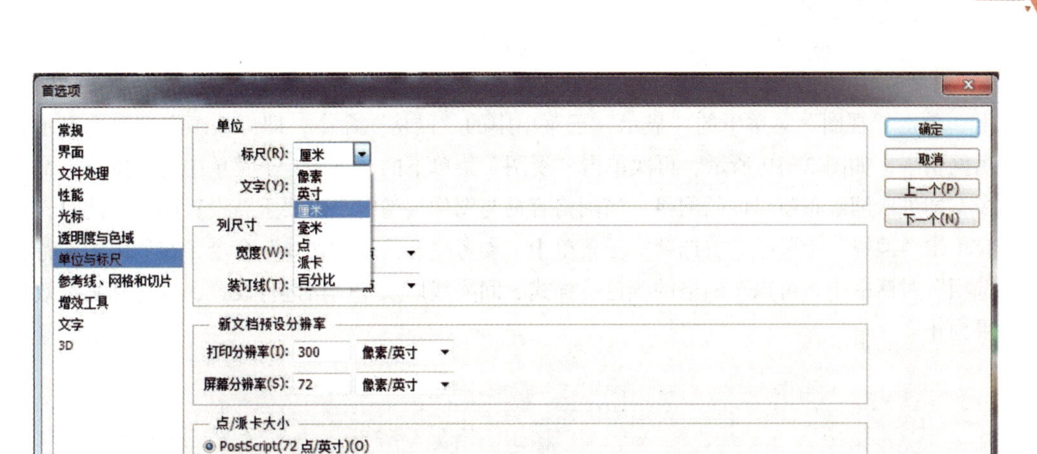

图 2-17 “首选项”对话框

图 2-18 使用参考线的效果

参考线的优点是可以任意设置它的位置。在“标尺”上单击，再拖动鼠标到窗口内，即可产生垂直或水平的蓝色参考线。也可以单击“视图”菜单下的“新建参考线”命令，调出“新建参考线”对话框，利用对话框设置新参考线取向与位置后，单击“确定”按钮，就可以在指定位置设置参考线。

要移动参考线，只要按住 Ctrl 键并拖动参考线即可实现，或者选取移动工具也可以实现参考线的移动。改变参考线的显示与隐藏状态，可以单击“视图”菜单下“显示”子菜单中的有关命令即可。清除与锁定参考线，同样可以分别使用“视图”菜单下的“锁定参考线”与“清除参考线”命令即可。如果需要对参考线默认的颜色进行修改，可以调用“编辑”菜单下“首选项”子菜单下的“参考线、网络和切片”命令，在打开的“首选项”对话框里进行设置。

（3）网格的主要作用是对齐参考线，以便在操作中对齐物体，网格也不会随图像输出。单击“视图”菜单下的“显示”子菜单中的“网格”命令，即可在画布窗口内显示出网格来，如图 2-19 所示。再次单击“视图”菜单下的“显示”子菜单中的“网格”命令，即可取消画布窗口内的网格。当网格容易与图像混淆时，需要重新设置网格。此时，应单击“编辑”菜单的“首选项”子菜单中“参考线、网格和切片”命令，在调出的“首选项”对话框中，可以对网格的颜色、样式、间隔线以及子网格进行设置，以达到满意效果为止。

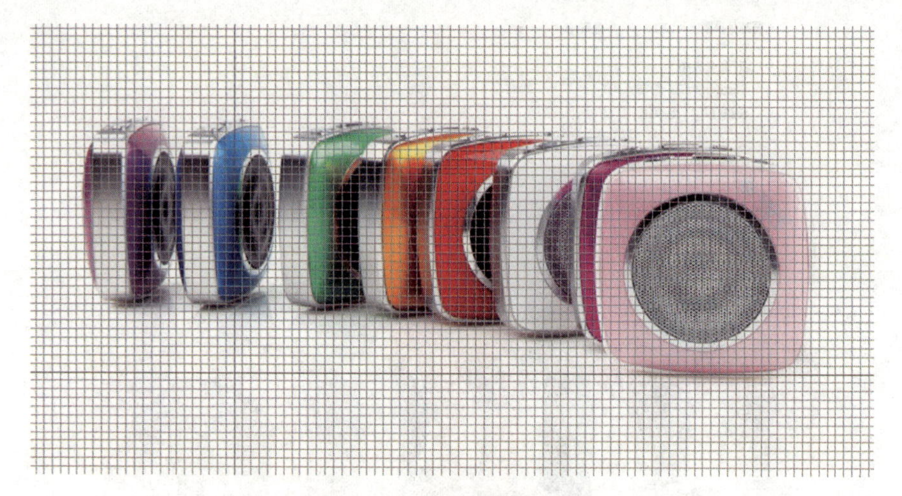

图 2-19　显示网格的效果

2.2.5　系统优化设置

在菜单中执行“编辑—首选项”命令，可以对 Photoshop 软件系统进行优化，通过设置首选项参数，设置适合自己的系统状态，以提高工作效率，培养工作习惯，其快捷键为 Ctrl+K，执行命令后会打开首选项对话框。其中，常规设置包括：

（1）**界面**：对软件的主工作界面颜色方案、标准屏幕模式、全屏模式、文字等进行设置，一般使用默认值。

（2）**文件处理**：对文件存储选项、文件兼容性等进行设置。

（3）**性能**：对 Photoshop 软件在计算机系统中使用时可占用的最大内存空间进行设置，可使用的内存越大软件运行速度越快。对历史记录、高速缓存级别和高速缓存拼贴大小进行设置：历史记录默认步数为 20 步，最大值为 1000 步；高速缓存级别用于提高屏幕重绘与直方图显示的速度；高速缓存拼贴大小是 Photoshop 一次存储或处理的数据量。性能参数设置如图 2-20 所示。

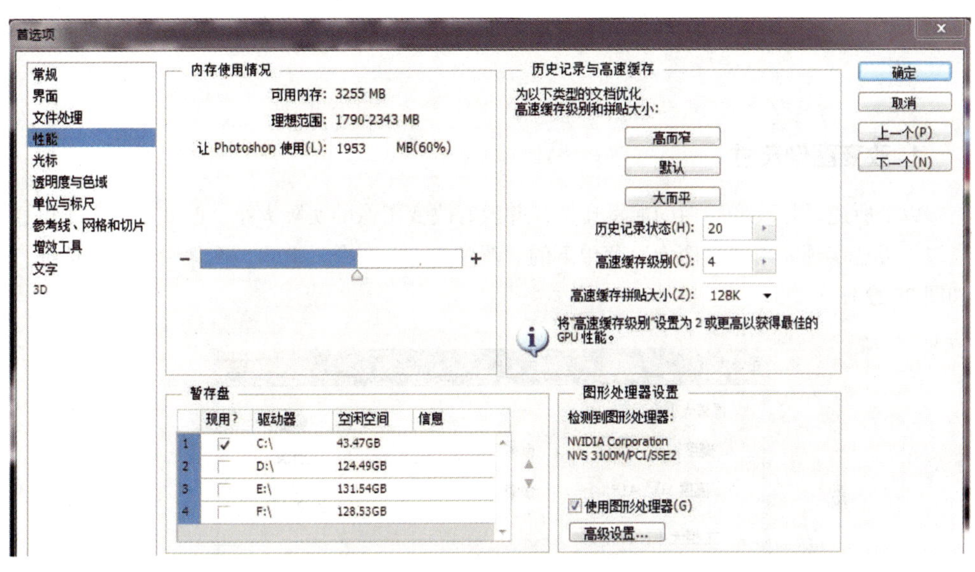

图 2-20　性能参数设置

（4）**光标：**对 Photoshop 软件使用画笔时光标的颜色与笔尖等的设置。

（5）**透明度与色域：**对透明画布及透明图像的透明色块的颜色与大小等的设置。

（6）**单位与标尺：**对标尺的优化及标尺单位的更改等的设置。

（7）**参考线、网格和切片：**对参考线、网格线、切片状态等内容的设置。

（8）**增效工具：**用来加载或管理由 Adobe 和 Adobe 产品的第三方开发商提供的创建特殊图像效果或创建更高效工作流程的工具。

（9）**文字：**对文字进行优化设置。

（10）**3D：**用来设置可以用于 3D 效果的帧存储器、刷新存储器所占用的内容空间，交互式渲染的方式；用来设置阴影的品质，3D 叠加等参数，如图 2-21 所示。

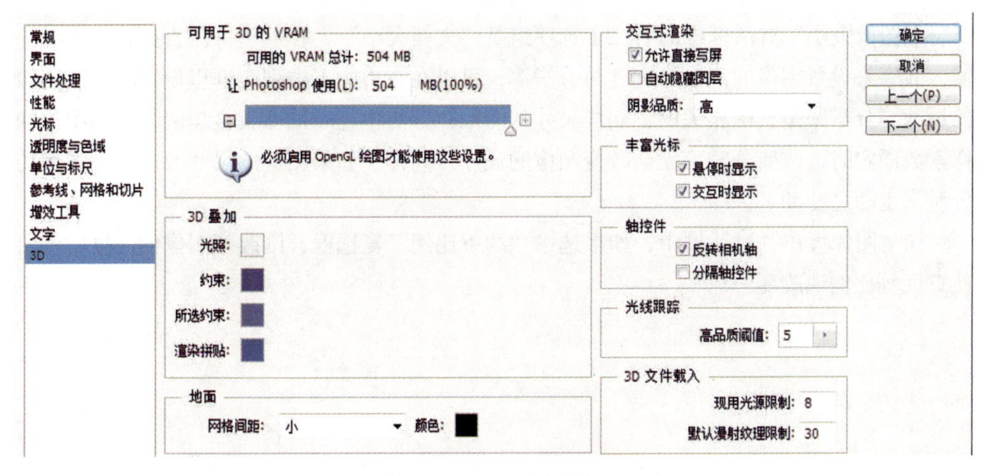

图 2-21　3D 参数设置

2.2.6 图像尺寸的控制

1. 改变图像尺寸

以上所述只是改变图像的显示比例，并没有改变图像的实际大小。改变图像大小可通过以下方法实现。单击“图像”菜单下的“图像大小”命令，调出“图像大小”对话框，如图 2-22 所示。

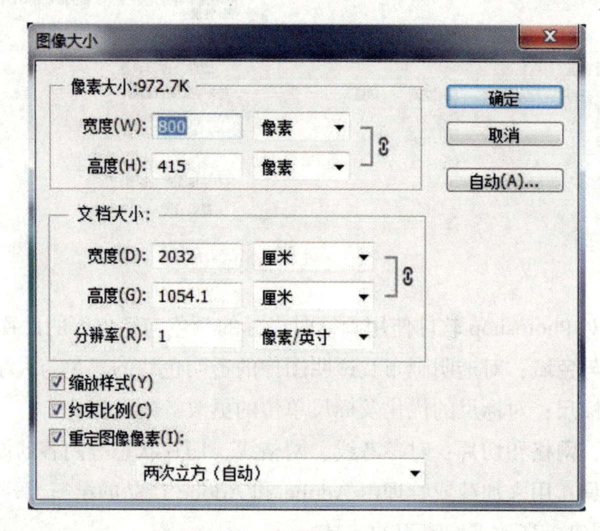

图 2-22　“图像大小”对话框

在“图像大小”对话框中，第一个选项组是“像素大小”。在该选项组中，可以直接在文本框中修改图像的高度与宽度像素值，也可以通过在右侧的下拉列表框中选择“百分比”来设置图像与原图像大小的百分比，从而确定图像的高度与宽度。

“图像大小”对话框中的第二个选项组是“文档大小”，在这里可以直接在文本框中输入数字来设置图像的高度、宽度与分辨率，可以在右边的下拉列表框里设置单位。图像的尺寸与分辨率是紧密相关的，同样尺寸的图像，分辨率越高图像就会越清晰。当图像的像素数固定时，改变分辨率就会改变图像的尺寸。同样，如果图像的尺寸改变，则图像的分辨率也随之变动。

在“图像大小”对话框中，如果选中“约束比例”复选框，则改变图像的高度，就会使宽度等比例地改变。

2. 设置画布大小

调整画布大小是为了加大或缩小屏幕上的工作区，可以在不改变图像大小的情况下实现。单击“图像”菜单下的“画布大小”命令，可以调出“画布大小”对话框，如图 2-23 所示。

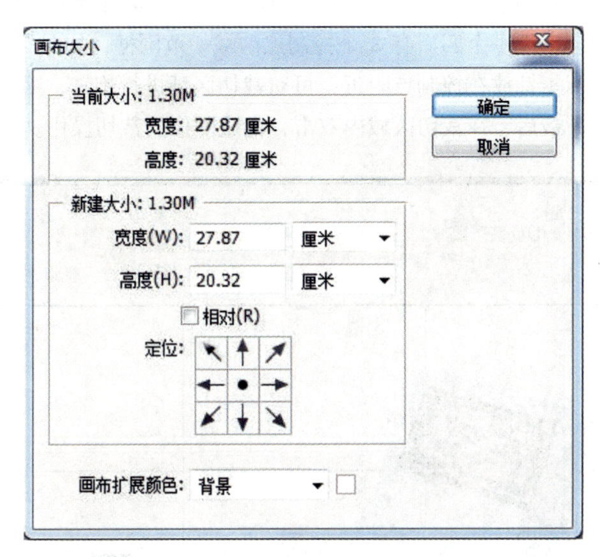

图 2-23 “画布大小”对话框

在“画布大小”对话框中，“当前大小”选项组显示了当前图像文件的实际大小。“新建大小”选项组中设置调整后的图像高度与宽度。其默认值是“当前大小”。如果设置的高度与宽度大于图像的尺寸，Photoshop 会在原图的基础上增加画布的面积，反之则会缩小画布面积。“相对”复选框表示“新建大小”中显示的是画大小的修改值，正数表示扩大画布，负数表示缩小画布。“定位”选项组中，确定图像在修改后的画布中的位置，有 9 个位置可以选择，其默认值为水平与垂直都居中。

3. 图像的裁减

将图像中的某一部分剪切出来，就需要用到“裁切”命令。其方法是，首先使用“选取”工具将图像中要保留的部分选出来，然后选择“图像”菜单中的“裁切”命令。则图像会自动以选区的边界为基准，用包围选区的最小矩形对图像进行裁切。

除了“裁切”命令之外，Photoshop 还专门提供了功能强大的“裁切工具”选项，不仅可以自由控制裁切范围的大小和位置，还可以在裁切的同时对图像进行旋转和变形等操作，如图 2-24 所示。其操作过程是：

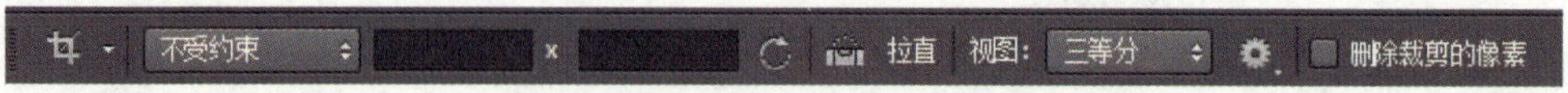

不受约束 x 拉直 视图：三等分 删除裁剪的像素

图 2-24 “裁切工具”选项

首先，在工具箱中选择裁切工具，移动鼠标指针到图像窗口中，按住鼠标左键并拖动，释放鼠标后就会出现一个四周有 8 个控制点的裁切范围框，如图 2-25 所示。其次，选定范围后，将鼠标指针放在控制点附近，可对裁切区域进行旋转、缩放和平移等操作，也可对其进行修改。最后，在裁切区域内双击，完成图像的裁切操作。

图 2-25 裁切工具的运用

对图像裁切更多的设置，可以充分运用“裁切工具”的选项，其中包括了对裁切后图像的大小、分辨率、不透明度等的设置。

第3章

图像的选择与填充

创建、编辑选区与填充选区

3.1.1 创建选区

在 Photoshop 中，特别是在商品图像编辑中，经常需要对图像的一部分进行操作，这就需要将这一部分图像选取出来，构成一个选区。这个选区也可以叫做选框，是由一个流动的虚线所围成的区域。一旦确定了选区，当前的各项操作就只针对选区了。如果不创建选区，则所有的操作都是针对整个图像，有些操作就不可能完成了。Photoshop 为了能够快速、准确地建立选区，提供了许多选择工具，包括选取工具组、套索工具组与魔术棒工具。这些工具都放在工具的上部，针对不同的情况方便快捷地创建选区。此外，Photoshop 还提供了菜单命令创建选区。下面分别予以介绍。

1. 使用选取工具组

使用工具箱中的选取工具组来选取图像范围和确定工作区域是 Photoshop 中最基本的方法，都是用来创建规则选区的。选取工具组有四个工具，分别是矩形选取工具、椭圆选取工具、单行选取工具和单列选取工具。默认情况下是矩形选取工具。

（1）矩形选取工具。单击矩形选取工具，鼠标指针就会变成十字形状，用鼠标在图像窗口内拖动便可创建一个矩形的选区，如图 3-1 所示。

（2）椭圆形选取工具。单击椭圆形选取工具，鼠标指针也是变成十字形状，用鼠标在图像窗口内拖动便可创建一个椭圆形的选区，如图 3-2 所示。

（3）单行与单列选取工具。单击单行选取工具或单列选取工具，鼠标指针均变成十字形状，用鼠标在图像窗口内单击就可以创建一个单列或者单行的单像素的选区。

图 3-1　矩形选区的创建

图 3-2　椭圆选区的创建

有必要注意的是，在使用矩形选取工具与椭圆选取工具时存在着一定的技巧。按住 Shift 键，同时在图像窗口内拖动就可以分别创建正方形与圆形选区；按住 Alt 键，同时在图像窗口内拖动就可以创建以鼠标单击点为中心的矩形或椭圆形选区；如果同时按住 Shift 键与 Alt 键，并在图像窗口内拖动，就可以创建以鼠标单击点为中心的正方形、矩形或圆形选区。

如果要取消所选择的选区，则可以通过单击图像窗口或者选择“选择”菜单下“取消”命令来实现，也可以用快捷键 Ctrl+D 来取消。

（4）选取工具选项栏。选取工具选项栏有多个选项，可以对选取工具的许多功能进行设置。这些选项主要有“设置选区形式”“消除锯齿”“羽化”“样式”命令，如图 3-3 所示。

羽化: 0 像素　消除锯齿　样式: 正常　宽度:　高度:　调整边缘...

图 3-3　选取工具的选项栏

❶“设置选区形式”共有四个按钮。第一个是“新选区”按钮，单击该按钮只能创建一个新选区。在这个状态下，如果已经有了一个选区，再创建一个选区，则原来的选区就会消失。第二个是“添加到选区”按钮，在已经有了一个选区的情况下，单击该按钮就可以再创建一个选区，并且新选区与原有的选区连成一个新的选区。按住 Shift 键，创建一个新选区，同样可以使新创建的选区与原有的选区合成一个新选区。第三个是“从选区中减去”按钮，单击该按钮就可以在原有的选区上减去与新选区重合的部分，得到一个新选区。按住 Alt 键，用鼠标拖动一个新选区，也能完成相同的功能。最后一个是“与选区交叉”按钮，单击该按钮，可以得到一个只保留新选区与原有选区重合部分的新选区。按住 Shift 与 Alt 键，用鼠标拖动一个新选区，也可以得到相同的效果。

❷“羽化”是用于设置选取范围的柔化效果的。在其文本框中输入 0 ~ 250 之间的数值，就会在选区边界线产生不同的羽化程度。创建羽化的选区，应先设置羽化数值，再用鼠标拖动创建选区。

❸“消除锯齿”是用于消除选区锯齿，平滑选区边缘的。该复选框通常应为选中状态，使其有效。

❹“样式”提供了三种不同的选取方式，即“正常”“固定长宽比”和“固定大小”。各项的作用各不相同。

a. “正常”是默认的选取方式，在此方式下，可创建任意大小的矩形和椭圆形选区。

b. 选择“固定长宽比”选取方式后，“样式”右边的“宽度”与“高度”文本框就变成有效状态。分别在“宽度”与“高度”文本框中输入数值，确定长度与宽度的比例，可以使其后创建的选区符合该长宽比。

c. 选择“固定大小”选取方式后，“样式”右边的“宽度”与“高度”文本框就变成有效状态。可分别在“宽度”与“高度”文本框中输入数值，以确定选区的尺寸，使以后创建的选区符合该尺寸。

2. 使用套索工具组

套索工具是一种常用的选取范围工具，用于一些不规则形状的选取。用套索工具创建选区类似于自由手绘一个选区。套索工具组包括三个工具，即“套索工具”“多边形套索工具”和“磁性套索工具”。

（1）套索工具。单击工具箱上的“套索工具”，鼠标指针就变成套索状，将鼠标指针移至图像窗口，在需要选取图像处按下鼠标左键不放，拖动鼠标选取需要的范围。当松开鼠标左键后，系统会自动将鼠标拖动的起点与终点进行连接，就可形成一个不规则的选取区域，如图 3-4 所示。

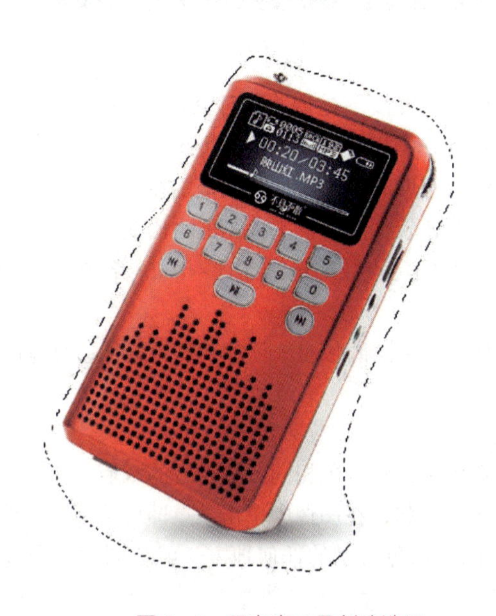

图 3-4 用套索工具创建选区

（2）多边形套索工具。 多边形套索工具可以用来选取不规则形状的多边几何图像，如三角形、五角星之类的图形。多边形套索工具操作方式与套索工具有所不同，操作过程是：先单击工具箱上的多边形套索工具，再将鼠标指针移到图像窗口，单击以确定起点位置。移动鼠标指针至要改变方向的转折点，选择好需要改变方向的角度和距离并单击鼠标，直到选中所有范围并回到起点。当多边形套索工具鼠标指针在右下角出现一个小圆圈时，双击鼠标，即可封闭选中的区域。

（3）磁性套索工具。 单击工具箱上的磁性套索工具，鼠标指针变成磁性套索状。在图像中单击以设置第一个紧固点，沿着要选取的物体边缘移动鼠标指针（转折处需要按住鼠标左键），当选取终点回到起点时鼠标右下角会出现一个小圆点，此时双击鼠标，即可完成选取。

磁性套索工具使用时的特点是系统会自动根据鼠标拖动出的选区边缘的色彩对比度来调整选区的形状。因此，对于选取区域比较复杂图像，同时又与周围图像的色彩对比反差较大的情况，采用磁性套索工具是比较合适的。

（4）套索工具组的选项栏。 套索工具与多边套索工具的选项栏基本一致，而磁性套索工具的选项栏有特殊之处，可以设置一些特殊的相关参数。磁性套索工具的选项栏如图3-5 所示。

羽化：0 像素　消除锯齿　宽度：10 像素　对比度：10%　频率：57

图 3-5　磁性套索工具的选项栏

磁性套索工具选项栏中的“宽度”是指选取对象时检测的边缘宽度，其范围在 1 ~ 40 像素，磁性套索只检测从指针开始指定距离以内的边缘。

“对比度”选项可以设置选取时的边缘反差，范围在 1% ~ 100%。较高的数值只检测与它们的环境对比鲜明的边缘，较低的数值则检测低对比度边缘。

“频率”用来设置选取时的定点数，范围在 1 ~ 100。数值大则产生的节点数多，选取的速度也就越快。

“钢笔压力”用于在使用光笔绘图板时来增加其压力，使边缘宽度减小。

3. 使用魔术棒工具

魔术棒工具的作用是选择图像中颜色相同或者相近的区域。单击工具箱中的魔术棒工具，鼠标指针就会变成魔术棒形状，在图像中单击某点即可选择与当前单击处颜色相同或相近的区域。例如，单击图像白色背景的任何地方，就会创建一个包括全部背景色的选区，如图 3-6 所示。

图 3-6　用魔术棒工具创建选区

魔术棒工具的选项栏如图 3-7 所示，其中有四个选项需要进行说明：

取样大小：取样点　容差：32　消除锯齿　连续　对所有图层取样

图 3-7　魔术棒工具的选项栏

（1）“容差”文本框用来设置系统选择颜色的范围，也就是选区有颜色容差值。数值范围在 0～255。容差值越大，相应的选区也就越大，反之则越小。

（2）“消除锯齿”复选框是用于决定在系统创建一个选区时是否将选区内的锯齿消除。

（3）“连续”复选框表示只能选中单击处邻近区域的相同像素，取消该复选框，表示可以选中与该像素相近的所有区域。默认情况下，该复选框是被选中的。

（4）“对所有图层取样”复选框，如果选中，则在系统创建选区时会将所有可见的图层包括在内；当不选择该复选框时，则系统创建选区时只将当前图层包括在内。

3.1.2 编辑选区

使用菜单命令

在 Photoshop 中使用选框工具创建了一个选区之后，经常要对选区进行移动、增减等操作，甚至可能需要对选区进行旋转、翻转或者自由变换等操作。

1. 移动选区

移动选区的方法通常是用鼠标拖动，在使用选框工具组工具的情况下，将鼠标指针移动到选区内部，此时鼠标指标变为三角箭头状，并且箭头的右下角有一个虚线的小框，说明进入选区移动状态，拖动鼠标就可以移动选区了。如果要将移动的方向限制在 45 度的倍数，则在拖动的同时按住 Shift 键；如果以 1 个像素为单位移动选区，则直接使用键盘上的上下左右方向键即可；每按一次方向键，选区移动 1 个像素；如果以 10 个像素为单位移动选区，则在使用方向键的同时按住 Shift 键，每按一次方向键，选区移动 10 个像素。

如果移动选区的同时按住 Ctrl 键，可以移动选取范围内的图像，其功能与工具箱中移动工具的功能相同。

2. 修改选区

在 Photoshop 中修改选区是指对选区进行边界、收缩、平滑、扩展、羽化等操作，边界是在选区的边界线外增加一条扩展的边界线，形成边界选区；平滑是使选区边界平滑；扩展是使选区边界向外扩展；收缩是使选区向内缩小，羽化是指将选区边缘柔化。所有这些操作均可以通过菜单命令完成，单击“选择”菜单下“修改”子菜单中相应的命令即可。

执行修改选区的相应菜单命令后，系统都会打开一个相应的对话框，输入相应的修改量并单击“确定”按钮就完成了修改任务。边界完成前后的选区分别如图 3-8、图 3-9 所示，边界宽度为 8 个像素。

图 3-8　扩边前的选区

图 3-9　扩边后的选区

3. 变换选区

选区创建后，可以调整选区的大小，也可以调整选区的位置和旋转选区，即变换选区。单击“选择”菜单中的“变换选区”命令，就会在选区四周出现一个带有 8 个控制柄的矩形，如图 3-10 所示。然后可以根据需要进行相应的操作：

（1）**调整选区的大小：**将鼠标指针移到选区四周的控制柄处，此时鼠标指针变为直线的双箭头状，用鼠标拖动就可以调整选区的大小。

（2）**调整选区位置：**将鼠标指针移动到选区内，鼠标指针就会变成黑箭头状，用鼠标拖动即可调整选区的位置。

（3）**旋转选区：**将鼠标指针移到选区四周的控制柄处，鼠标指针就会变成弧线的双箭头状，拖动鼠标即可旋转选区。如果将鼠标指针移到选区中心点图标处，拖动鼠标即可移动中心点标记，改变旋转的中心位置。旋转后的选区如图 3-11 所示。

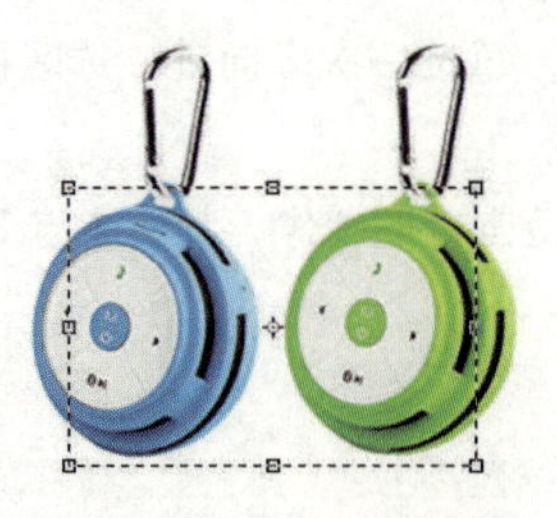

图 3-10　变换选区

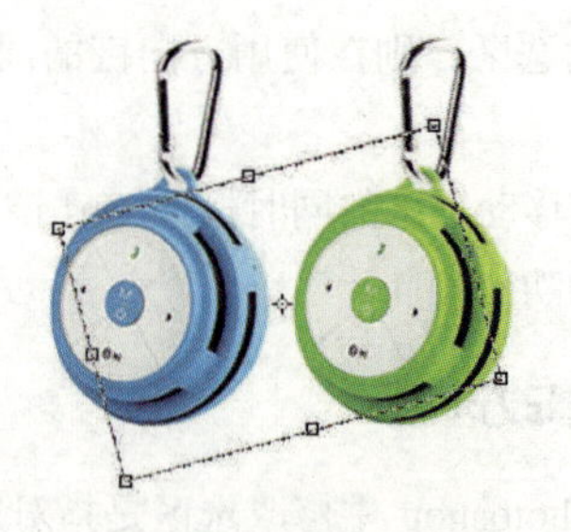

图 3-11　旋转后的选区

在 Photoshop 中，经常需要重复使用选区，为此可以使用“选择”菜单下的“存储选区”命令来实现。选区存储后，可以运用“选择”菜单下的“载入选区”来把存储的选区重新载入。在 Photoshop 中，也可以使用“选择”菜单下的“选取相似”命令，来选取图像中的类似颜色；也可以使用“选择”菜单下的“反选”命令使图中被选区域与未选择区域反转。对象的选择是非常重要的，需深入领会，做到正确地运用。

3.1.3 选区应用

本章关于对象的选择、选区的创建方法、选区的编辑、填充选区等内容的学习，可以通过练习以进一步巩固选区创建与编辑的设计技巧。

（1）执行 Photoshop CC 软件中“文件”菜单下的“新建”命令（Ctrl+N）创建一个新的图像文件，设置图像高度为 800 像素，宽度为 600 像素，分辨率为 72 像素 / 英寸，颜色模式为 RGB。

（2）执行 Ctrl+R 命令在文件中显示标尺系统，分别用鼠标移到左边标尺上与上方标尺上拖出两根垂直与水平交叉的参考线，如图 3−12 所示。

（3）在 Photoshop CC 的工具箱中选取“椭圆选择工具”，设置“羽化”像素值为 0，选取“消除锯齿”选项。

（4）运用“椭圆选择工具”，将十字光标对准两根水平与垂直参考线交叉的中心。在键盘上按下 Alt 键，使从中心开始绘制椭圆选区，在按住 Alt 键不放的同时，再在键盘上按下 Shift 键，使绘制的选区呈圆形，如图 3−13 所示。

图 3−12 设置参考线

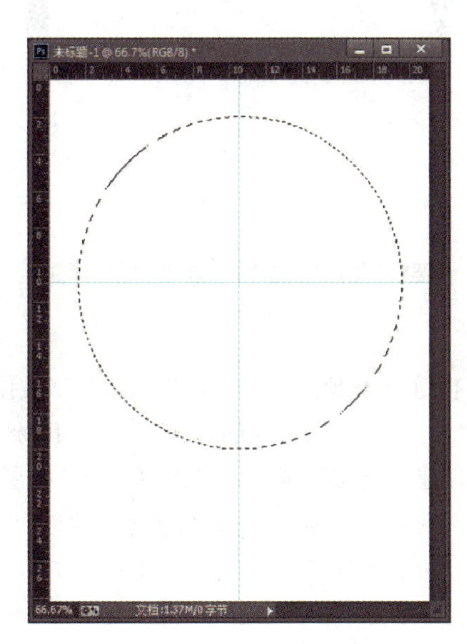

图 3−13 绘制圆形选区

（5）在 Photoshop CC 的工具箱中选取“矩形选择工具”，在工具属性中设置羽化值为 0 个像素，其他为默认选项，按住键盘上的 Alt 键，使矩形选择工具处在“减选”状态。运用鼠标紧贴水平参考线，将水平参考线上半部分圆形选区减选。

（6）在 Photoshop CC 的工具箱下半部分单击“前景色”按钮。弹出拾色器对话框，设置颜色 RGB 分别为（187、188、188），或者输入颜色代码“#bbbcbc”。

（7）在图层面板的下方单击“创建新图层”按钮，创建一个新的图层，并使新图层处在当前使用状态（显示为蓝色），然后执行“编辑”菜单下面的“填充”命令，或者执行 Alt+Delete 键盘组合命令，对剩下的半圆形选区用上一步设置的前景色进行填充，效果如图 3-14 所示。

（8）执行 Ctrl+D 命令将上一步中的半圆形选区取消以后，继续在软件的工具箱中选取“椭圆选择工具”，以垂直与水平参考线为坐标，从坐标中心绘制一个相对较小的圆形选区，如图 3-15 所示。

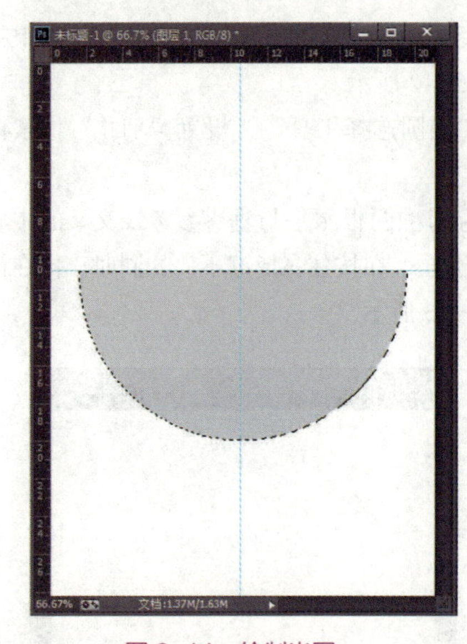

图 3-14　绘制半圆

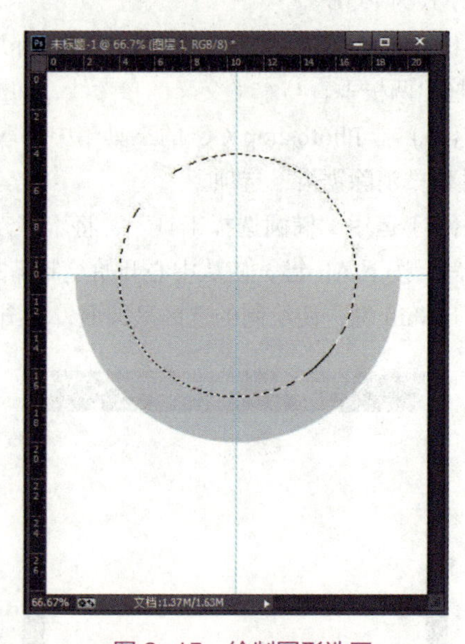

图 3-15　绘制圆形选区

（9）继续使用“矩形选择工具”，按住 Alt 键，使选择工具处在减选状态，沿着参考线坐标，将第一象限的选区减选，同时把前景色修改为黑色。然后在图层面板下方单击“创建新图层”按钮，再创建一个新图层，并使新图层处在当前使用状态（显示为蓝色），最后用黑色将选区进行填充，效果如图 3-16 所示。

（10）执行 Ctrl+D 命令将上一步中的半圆形选区取消以后，用同样的方法再次以参考线坐标系为中心，创建一个圆形选区，通过圆形选区的大小调整使得圆形选区外部黑色与黑色圆环宽度基本相等，如图 3-17 所示。

（11）在 Photoshop CC 的工具箱下半部分单击“前景色”按钮。弹出拾色器对话框，设置颜色 RGB 分别为（187、188、188），或者输入颜色代码“#bbbcbc”。在图层面板下方单击“创建新图层”按钮，再创建一个新图层，执行“填充”命令，或者执行 Alt+Delete 键盘组合命令，对剩下的半圆形选区用上一步设置的前景色进行填充，效果如图 3-18 所示。

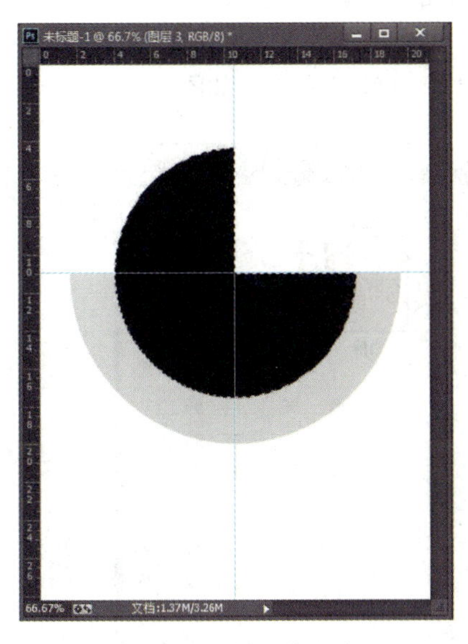

图 3-16　编辑填充选区

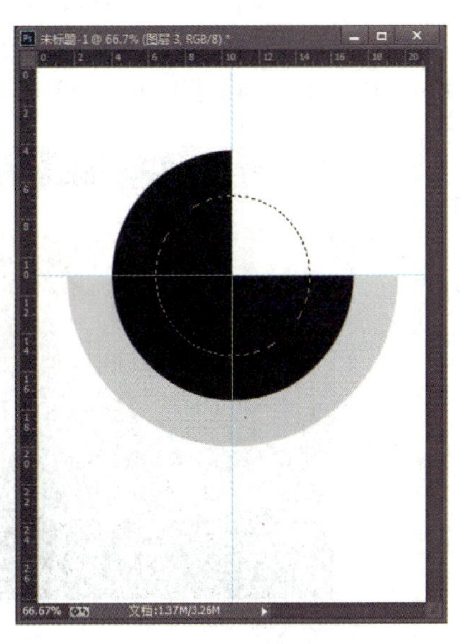

图 3-17　绘制选区

（12）执行 Ctrl+D 命令将上一步中的半圆形选区取消以后，在 Photoshop CC 的工具箱选用“椭圆选择工具”，按住 Shift 键的同时在图 3-19 的位置绘制一个圆形选区。将鼠标放到圆形选区内，移动选区，使之放置合理的位置，如图 3-19 所示。

图 3-18　填充选区

图 3-19　绘制选区

（13）在 Photoshop CC 的工具箱的下端单击“前景色”工具按钮，设置前景色，先将垂直的颜色分布区域两边的三角形滑块移到下端，选取一种黄色，或者直接在 RGB 参数中输入（250、131、4）获取所要的颜色，单击“确定”按钮，如图 3-20 所示。

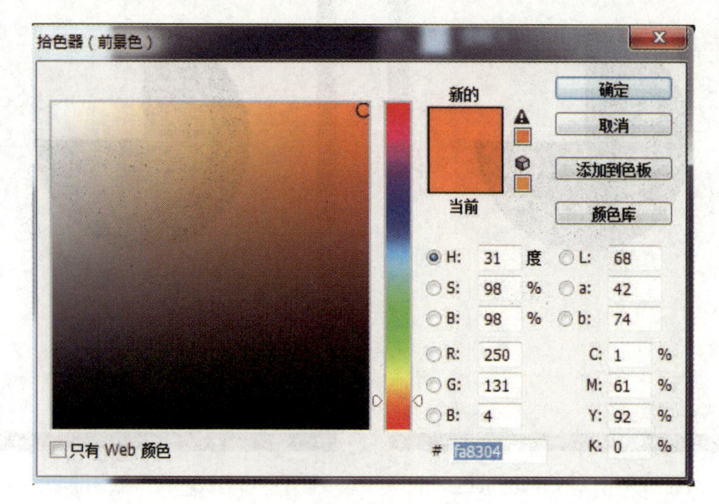

图 3-20　设置前景色

（14）在图层面板创建一个新的图层，或者执行 Ctrl+Shift+N 命令创建一个新图层，然后执行 Alt+Delete 命令将上面设置好的前景色对圆形选区进行填充。将鼠标移至圆形选区内，移动选区（不移动填充像素），将选区移至图 3-21 所示的位置，重新执行 Alt+Delete 命令进行颜色填充，如图 3-21 所示。

图 3-21　填充选区

（15）执行 Ctrl+D 命令将上一步中的小圆形选区取消，然后选取工具箱中的文本工具，在文本属性栏中设置字体类型、字体大小、字体颜色，如图 3-22 所示。

（16）在文件中单击文字工具，输入文字，在工具箱中选取移动工具，将输入的文本移到合适的位置，如图 3-23 所示。

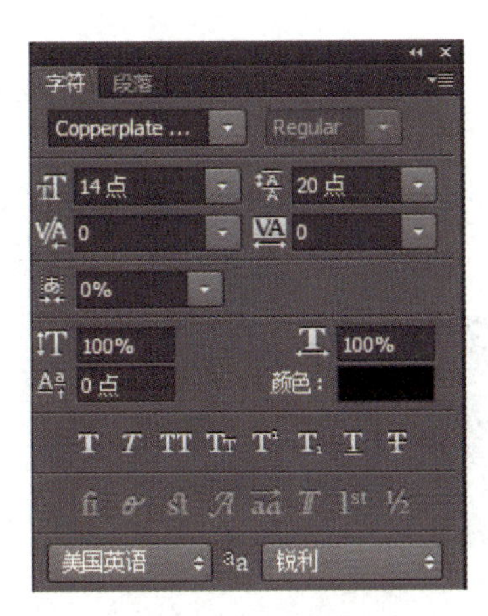

图 3-22　设置字体

图 3-23　输入文字

（17）继续执行文本工具，设置字体大小为 18 点，行间距为 24 点，颜色为黑色，如图 3-24 所示。

（18）在文件中输入文字，在文本段落面板中设置文字为“居中对齐”，并将文字移到合适的位置，如图 3-25 所示。

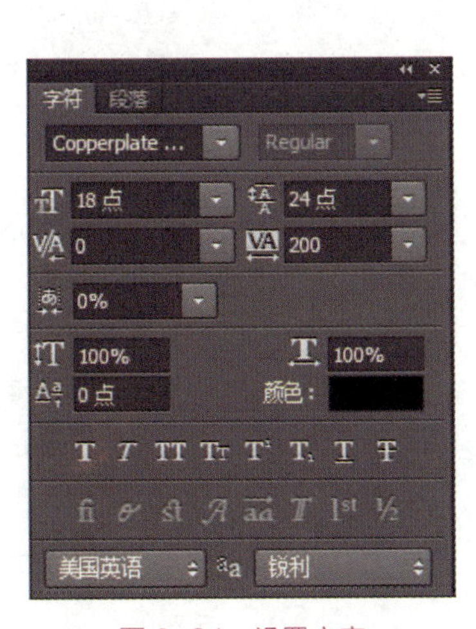

图 3-24　设置文字

图 3-25　最后图像效果

3.1.4 填充选区

1. 设置前景色与背景色

在 Photoshop 中颜色的设置无疑是极其重要的，而设置颜色的方法有很多种。这里简要介绍四种颜色设置的方法：

（1）切换前景色与背景色工具栏。在 Photoshop 的工具箱中，有一个切换前景色与背景色工具栏，如图 3-26 所示。

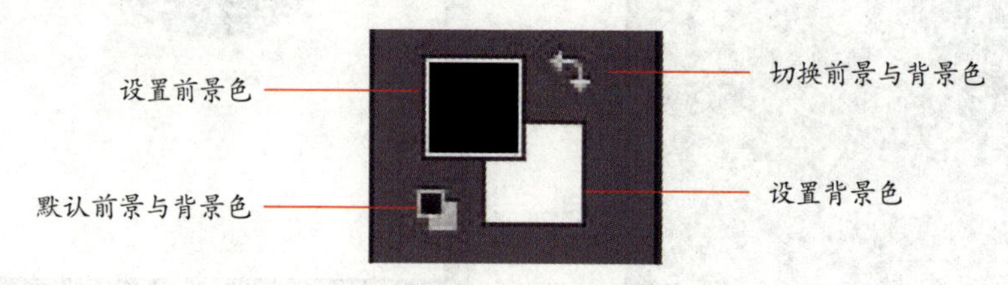

图 3-26　切换前景色与背景色工具栏

在切换前景色与背景色工具栏中各按钮功能是：

“设置前景色”按钮给出了所有的前景颜色。用单色绘制和填充图像时的颜色就由前景色决定。单击前景色按钮，就可以调出“拾色器”对话框，利用该对话框，可以设置前景色。

“设置背景色”按钮给出了所有的背景颜色，同时也决定了画布的背景颜色。单击“设置背景色”按钮可以调出“拾色器”对话框，利用该对话框，可以设置背景色。

“默认前景与背景色”按钮，单击它可以恢复为默认状态，即前景为黑色，背景为白色的设置。

“切换前景与背景色”按钮，顾名思义就是单击它可以使前景色与背景色互换。

小技巧

Adobe 的“拾色器”与 Windows“拾色器”的功能基本相同，在 Photoshop 中，默认的拾色器是 Adobe“拾色器”，如图 3-27 所示。

使用“拾色器”对话框选择颜色的方法如下：

粗选颜色：将鼠标指针移到“颜色选择条”，单击一种颜色，此时“颜色选择区域”的颜色就会随之发生变化。在“颜色选择区域”内会出现一个小圆圈，它是当前选中的颜色。

细选颜色：将鼠标移动到“颜色选择区域”内，此时鼠标指针变为小圆圈，单击要选择的颜色。

选择自定颜色：单击“自定”按钮，可以调出“自定颜色”对话框，利用该对话框可以选择“颜色库”中的自定义颜色。

精确设定颜色： 在“拾色器”对话框的右边下半部的各种文本框内输入相应的数据，可以精确设定颜色。

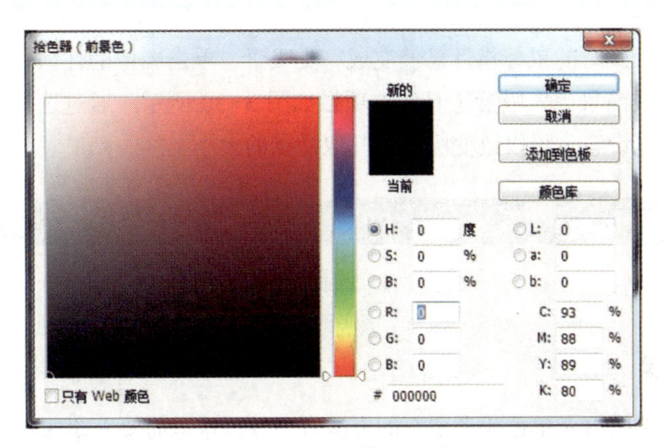

图 3-27　Adobe 的“拾色器”对话框

（2）使用“颜色”面板设置前景与背景色。 “颜色”面板如图 3-28 所示，利用“颜色”面板设置前景色与背景色的方法是：

❶ 单击“前景色”或者“背景色”色块，确定是设置前景色还是背景色。

❷ 将鼠标指针移动到“颜色选择条”粗选颜色，此时鼠标指针变成吸管，单击某种颜色，可以看到其他部分的颜色与数据就变了。

❸ 用鼠标拖动 R、G、B 三个滑块细选颜色。

❹ 在文本框内输入数字精选颜色。

❺ 双击前景色或者背景色的色块，可以打开“拾色器”对话框，其设置与前述相同。也可以通过“颜色”面板菜单来进行设置，单击“颜色”面板右上方带有三角形箭头的按钮，就可调出“颜色”面板的菜单。

图 3-28　“颜色”面板

（3）使用“色板”面板设置前景色。 使用“色板”面板可以设置前景色，其方法是将鼠标移到“色板”面板的色块上，此时鼠标变成吸管，单击色块就可将前景色设置成所选色块的颜色，如图 3-29 所示。如果“色板”面板内没有与前景色一致的色块，

图 3-29　“色板”面板

则可单击面板底部“创建前景色的新色板”按钮，即可在面板内色块的最后创建与前景色一样的新色块。与“颜色”面板一样，“色板”面板也有相应的菜单，单击“色板”面板右上方带有三角形箭头的按钮，就可调出“色板”面板的菜单。

（4）使用吸管工具设置前景色。单击工具箱内的“吸管工具”按钮，并将鼠标移动到图像窗口内部，此时的鼠标指针已经变成一支吸管，单击图像的任何一处，都可以将单击处的颜色设置成前景色。吸管工具的选项栏如图 3-30 所示。通过选择“取样大小”下拉列表框内的不同设置，可以改变吸管工具取样点的大小。

取样大小： 取样点 样本： 所有图层 显示取样环

图 3-30　吸管工具选项栏

2. 填充图像

给图像中的选区填充单色或者图案的方法有多种，这里简要介绍四种主要方法。

（1）使用油漆桶工具填充单色或图案。油漆桶工具可以在图像中填充颜色，但只是对图像中颜色相近的区域进行填充。在使用油漆桶填充颜色之前，需要选定前景色，然后才可在图像的选定区域单击填充前景色。没有选区时，则是针对当前图层的整个图像，单击图像也可以给图像填充颜色或图案。

要使油漆桶工具在填充时的颜色更准确，可以在其选项栏中设置参数。油漆桶工具选项栏如图 3-31 所示。

前景 模式： 正常 不透明度： 100% 容差： 32 消除锯齿 连续的 所有图层

图 3-31　油漆桶工具选项栏

在“填充”下拉列表框可以选择填充的两种方式，即“前景”与“图案”。选择“前景”即填充的是前景色，选择“图案”即填充的是图案。

单击“图案”下拉列表框，可调出“图案样式”面板，利用该面板可以选择、增加、删除、更换图案样式。

“模式”是被填充的颜色与图像上已有的颜色的混合方式，“正常”状况下没有混合。

“不透明度”的数值用来确定填充颜色的透明程度，100%为不透明。

“容差”的数值决定了填充色的范围，其值越大，填充色的范围也越大。

“消除锯齿”选项用来减弱方形颜色像素点组成曲线时边缘产生的锯齿状。

（2）使用菜单命令填充单色或图案。单击“编辑”菜单下的“填充”命令，即可调出“填充”对话框，如图 3-32 所示。利用该对话框，可以给选区填充单色或者图案。

（3）使用粘贴菜单命令填充图像。要使用菜单命令将图像中的某一部分粘贴入另一

图像中，应首先将第一图像中的某一部分作为一个选区，并将其复制到剪贴板中去。

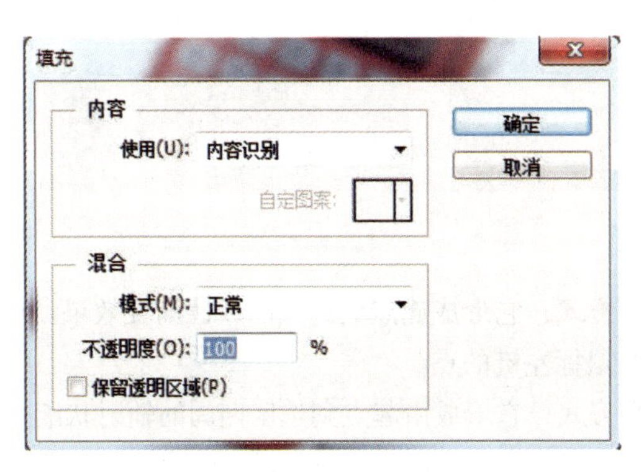

图 3-32　“填充”对话框

其次，应在另一图像中建立一个选区，然后单击“编辑”菜单“选择性粘贴”下的“贴入”命令，将剪贴板上的图像粘贴到选区中，如图 3-33 所示。其中“选择性粘贴”菜单中还有“原位粘贴”与“外部粘贴”命令，“原位粘贴”是把复制出来的图像粘贴到原来的位置。“外部粘贴”是把从别的软件中复制的图像粘贴进来。

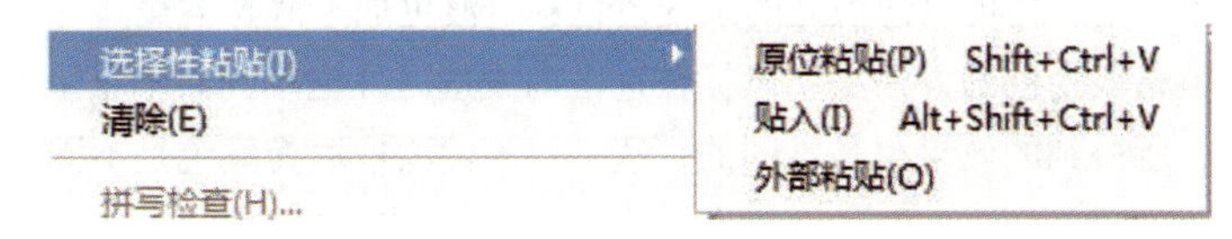

图 3-33　选择性粘贴

（4）使用渐变工具填充渐变色。使用渐变工具可以创建多种颜色间的渐变混合，其实质就是在图像中或者图像的某一区域中填入一种具有多种颜色过渡的混合色。这个混合色可以是前景色与背景色的过渡，也可以是前景色与透明背景间的相互过渡，或者是其他颜色间的相互过渡。

当使用工具箱中的渐变工具时，用鼠标在图像内拖动就可以给图像的选区填充渐变颜色；如果图像中没有选区，则对整个图像填充渐变颜色。

单击工具箱内的“渐变”按钮，其对应的选项栏如图 3-34 所示。

图 3-34　渐变工具选项栏

在渐变工具选项栏上有由五个按钮组成的一组工具，用来选择渐变色填充方式，五种填充方式的效果如图 3-35 所示。单击其中的一个按钮，就可以进入一种渐变色填充方式，介绍如下。

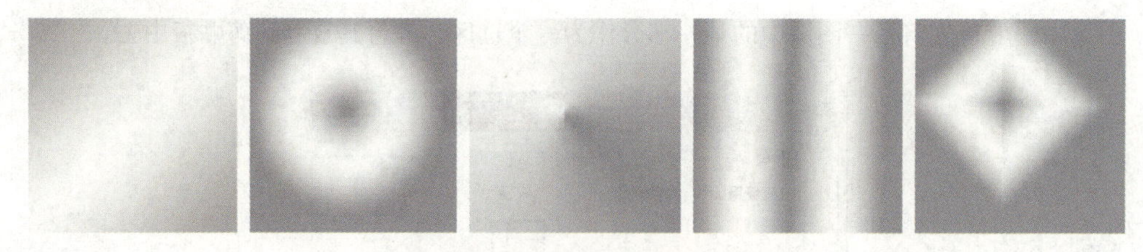

图 3-35 五种渐变方式的效果图

"线性渐变"填充方式：它形成起点到终点的线性渐变效果。也就是起点是鼠标拖动时的单击，终点是松开鼠标左键的点。

"径向渐变"填充方式：它形成由起点到选区四周的辐射状渐变效果。

"角度渐变"填充方式：它形成围绕起点旋转的螺旋渐变效果。

"对称渐变"填充方式：它形成两边对称的渐变效果。

"菱形渐变"填充方式：它可以产生菱形渐变的效果。

单击"渐变样式"列表框的下拉箭头，可以调出"渐变编辑器"，如图 3-36 所示。双击其中的一种系统预设的样式，即可完成填充样式的设置。

"反向"复选框的功能在于选择了该复选框后，可以产生反向的渐变效果。

选中"仿色"复选框可以使填充的渐变色色彩过渡更加平滑与柔美。

渐变工具填充渐变色的方法是用鼠标在选区内或选区外拖动，而不是单击。鼠标拖动时的起点不同，所得到的效果也是不同的，这一点与油漆桶填充颜色是不同的。

图 3-36 渐变编辑器

3.2 绘制、编辑与修饰图像

3.2.1 编辑图像

1. 图像的移动、制作与删除

要移动图像或者图像中的某一部分，必须先创建或编辑好选区以确定移动的范围。单击工具箱上的“移动工具”按钮，鼠标指针就会变成一个带剪刀的黑色箭头状，用鼠标拖动选区内的图像，就可以移动图像了，移动后图像的原来位置会留下一个透明区域，如图 3-37 所示。被选中的图像不仅可以在同一个窗口中移动，也可以移动到另一个窗口。

图 3-37　图像的移动

图像的复制与移动操作基本相同，只是在用鼠标拖动选区中的图像时按住 Alt 键，此时的鼠标指针会变成重叠的黑白双箭头状，复制后的图像如图 3-38 所示。

图 3-38　图像的复制

要删除图像，首先也要将准备删除的图像用选区围住，然后单击“编辑”菜单下“清除”命令，即可将所选的图像删除。也可以用“编辑”菜单下“剪切”命令来清除图像，或者直接按 Delete 键清除。

2. 图像的旋转

对于所要处理的图像，Photoshop 可以让其整幅旋转，也可以让选区内的图像发生各种位移，以达到所需要的效果。

要旋转整幅图像，可单击“图像”菜单下的“旋转画布”命令，系统提供了多种可供选择的旋转角度，如 180 度旋转、90 度顺时针与 90 度逆时针旋转，还有任意角度的旋转等。如果选择任意角度的旋转，就会调出旋转画布对话框，在对话框填入要旋转的角度，并选择好顺时针还是逆时针的旋转方向，单击“确定”按钮，即可实现任意角度的旋转。图像的旋转如图 3-40 所示。

如果要变换选区内的图像，则应单击“编辑”菜单下的“变换”命令，软件系统则提供了变换的多种选项，如图 3-39 所示。利用该菜单，可以对选区内的图像做出缩放、旋转、斜切、扭曲、透视和变形等处理。

需要注意的是，变换选区与变换图像，虽然各自属于不同的菜单命令，操作结果也不一样，但操作方式有相同之处。

单击“编辑”菜单下的“自由变换”命令，则会在选区的四周显示出一个矩形框，该框有 8 个控制柄和 1 个中心点，可以按照缩放、旋转、斜切等变换选区的方法自由变换图像。

再次(A)　Shift+Ctrl+T
缩放(S)
旋转(R)
斜切(K)
扭曲(D)
透视(P)
变形(W)
旋转 180 度(1)
旋转 90 度(顺时针)(9)
旋转 90 度(逆时针)(0)
水平翻转(H)
垂直翻转(V)

图 3-39　变换命令

图 3-40　图像的旋转

3.2.2　绘制图像

绘制图像是 Photoshop 的基本功能，Photoshop 提供了比较强大的绘图工具，所有绘图工具的操作基本相似，一般要经过以下四个步骤：

（1）确定要绘图的颜色，设置好前景色。

（2）在工具选项栏中选取需要的笔刷形状和大小。

（3）在工具选项栏中设置绘图的相关参数。

（4）在文件中进行绘制。

1. 画笔与铅笔工具

Photoshop 提供了画笔工具和铅笔工具，可以用当前前景色进行绘画。默认情况下，画笔工具创建颜色的柔描边，而铅笔工具创建硬边手画线。不过，通过复位工具的画笔选项可以更改这些默认特性。也可以将画笔工具用作喷枪，对图像应用颜色喷涂。画笔工具选项栏如图 3-41 所示。

55　模式：正常　不透明度：100%　流量：100%

图 3-41　画笔工具选项栏

画笔工具选项栏中的各项含义如下：

（1）“毛笔形状”为预先设定的工具选项，在这里可以选择一种软件预先设定好的工具。

（2）“画笔”用来选取画笔和设置画笔选项。

（3）“模式”可以在下拉列表中选择使用画笔作图时所使用的颜色与背景图的混合模式。

（4）“不透明度”用于设置所绘图形的透明度。后面一个选项为“始终对不透明度使用压力”，一般与手绘板一起使用。

（5）“流量”是指颜色的流动速率。

（6）“喷枪”。点按喷枪按钮可将画笔用作喷枪。后面一个选项为“始终对大小使用压力”，一般与手绘板一起使用。

铅笔工具与画笔工具类似，对于铅笔工具，在其选项栏中选择“自动抹掉”，可在包含前景色的区域上绘制背景色。

2. 设置“画笔”的属性

“画笔”的属性包括形状、大小、间距、硬度、纹理和各种动态效果。“画笔”通过设置，可以产生丰富的形状造型，能为图像制作增添很好的效果。通常，“画笔”的设置有以下两种方法：

（1）在工具选项栏中设置。一般在工具选项栏的“画笔”选项中单击，弹出“画笔”下拉面板，如图 3-42 所示。在“画笔”下拉面板的右下角有一个黑三角，单击可以弹出“画笔”面板菜单，如图 3-43 所示。在这里可以设置“画笔”的直径大小和选择画笔的形状。在“画笔”下拉面板中有三种不同类型的“画笔”：硬边画笔，这类画笔边缘不柔和；柔边画笔，这类画笔边缘柔和，不能用于铅笔工具；还有一类是不规则画笔，这类画笔在 Photoshop 中很多，如果面板上没有，可以到面板菜单中去追加。

图 3-42 “画笔”下拉面板

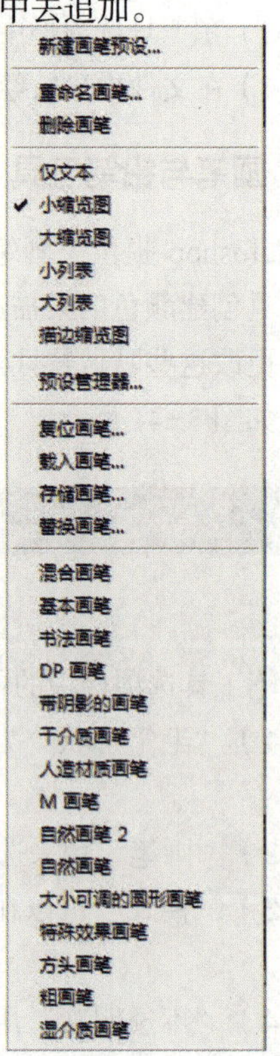

图 3-43 “画笔”面板菜单

（2）在画笔面板中设置。在 Photoshop 中使用画笔面板可以选择预设画笔、设计自定义画笔、设置画笔笔尖形状、设置动态画笔等。执行“窗口”菜单“画笔”命令，或者在工具选项栏的左侧第三个按钮上单击，可以打开“画笔”面板。“画笔”与“画笔预设”面板如图 3-44 所示。

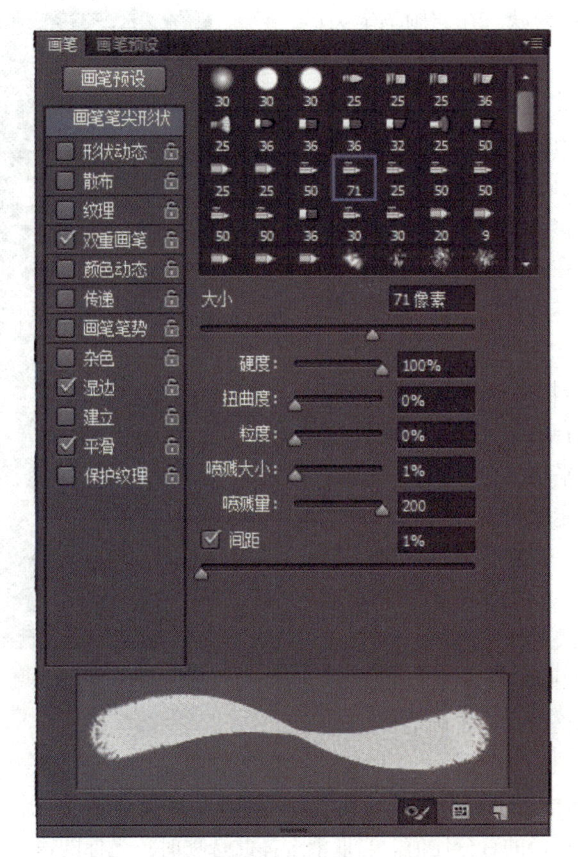

图 3-44　“画笔”与“画笔预设”面板

在“画笔预设”状态一般有以下主要的操作：

❶ **选择预设画笔：**点按“画笔”弹出式面板或“画笔”面板中的画笔，就可以应用预设的画笔。如果是使用“画笔”面板，则一定要选中面板左侧的“画笔预设”才能看到载入的预设。拖移面板下面的滑块或输入值以指定画笔的“主直径”。如果画笔具有双重笔尖，主画笔笔尖和双重画笔笔尖都将被缩放。

❷ **更改预设画笔的显示方式：**从“画笔”弹出式面板或“画笔”面板中可以选取不同的显示选项。“纯文本”是以列表形式查看画笔的；“小缩览图”或“大缩览图”是以缩览图形式查看画笔的；“小列表”或“大列表”是以列表形式查看画笔；“描边缩览图”是查看样本画笔描边。

❸ **载入预设画笔库：** 从“画笔”弹出式面板或“画笔”面板中选取“载入画笔”，可以将库中的画笔添加到当前列表，选择想使用的库文件，并单击“载入”即可；画笔面板还可以有“替换画笔”“存储画笔”“复位画笔”等操作。可以使用“预设管理器”载入和复位画笔库。

（3）设置笔尖形状。 在“画笔笔尖形状”面板中可以自定义画笔，而且不同的画笔类型有不同的参数设置。笔尖形状的具体设置参数如图 3-45 所示。

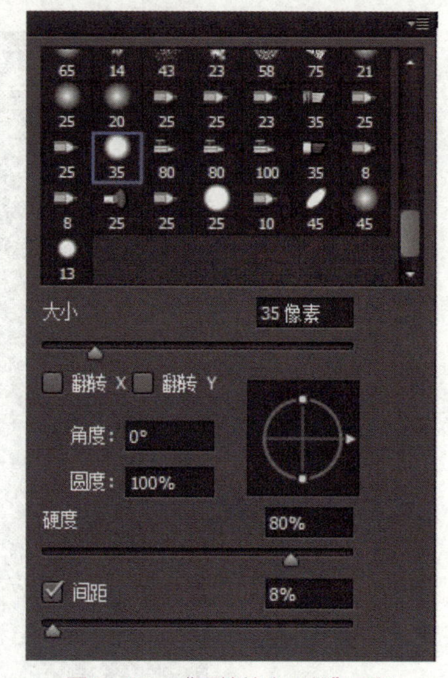

图 3-45 “画笔笔尖形状”面板

❶ **大小：** 控制画笔大小。输入以像素为单位的值，或拖移滑块。将画笔复位到它的原始直径。只有在画笔笔尖形状是通过采集图像中的像素样本创建的情况下，才能使用此选项。

❷ **角度：** 指定椭圆画笔或样本画笔的长轴从水平方向旋转的角度。输入度数，或在预览框中拖移水平轴。

❸ **圆度：** 指定画笔短轴和长轴的比率。输入百分比值，或在预览框中拖移点。100% 表示圆形画笔，0% 表示线性画笔，介于两者之间的值表示椭圆画笔。

❹ **硬度：** 控制画笔硬度中心的大小。输入数字，或者拖移滑块设置画笔直径的百分比值。

❺ **间距：** 控制描边中两个画笔笔迹之间的距离。如果要更改间距，请输入数字，或拖移滑块设置画笔直径的百分比值。当取消选择此选项时，光标的速度决定间距。

（4）设置动态。 “画笔”面板提供了许多将动态（或变化）元素添加到预设画笔笔尖的选项，可以设置在绘图操作的过程中改变画笔笔迹的大小、颜色和不透明度等。图 3-46 为“动态设置”面板，Photoshop 提供了“形状动态”“动态颜色”“散布”“纹理”等主要的动态效果。

❶ **“形状动态”** 是指描边中画笔笔迹大小的改变方式，通过指定抖动的最大百分比，来控制画笔笔迹的大小变化；如果在“控制”弹出式菜单选项中设置“渐隐”选项，可通过步长来控制在初始直径和最小直径之间渐隐画笔笔迹的大小。每个步长等于画笔笔尖的一个笔迹。该值的范围可以从 1 到 9999。而“钢笔压力”“钢笔斜度”或“光笔轮”选项可以在初始直径和最小直径之间改变画笔笔迹的大小。

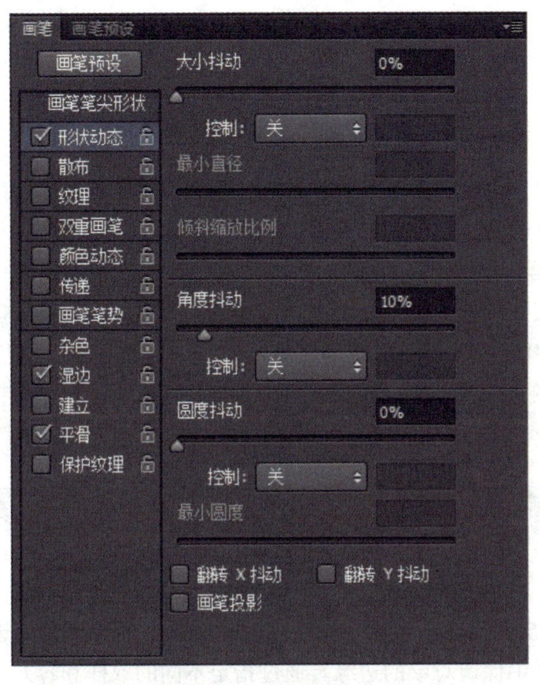

图 3-46 “动态设置”面板

❷ **“散布”**是用来设置画笔笔迹在描边过程中的分布方式。当选择“两轴”时，画笔笔迹按径向分布。当取消选择“两轴”时，画笔笔迹垂直于描边路径分布。“渐隐”可按指定数量的步长将画笔笔迹的散布从最大散布渐隐到无散布。

❸ **“纹理”**是利用系统中的图案，在绘图规程中用图案填色，使描边看起来像是在带纹理的画布上绘制的一样。可以在图案样本窗中单击，打开图案列表，选择图案；通过设置“缩放”“深度”等选项设置图案的填充方式。

❹ **“颜色动态”**是指在画笔绘图过程中绘制颜色发生变化。它以前景色与背景色为基本颜色，通过设置色相、明度、亮度、纯度的变化来使颜色发生改变。

3.2.3 擦除、仿制与修饰图像

图像的擦除、仿制与修饰是图像编辑和制作的一个不可缺的技术，Photoshop 提供了一些图像的擦除、仿制与修饰工具，这些工具在图像的编辑过程中相辅相成，经常联合使用来调整图像。图像的擦除是将不需要的图像去除以达到对图像的修饰，Photoshop 中图像的擦除工具主要有：橡皮擦工具、背景橡皮擦工具和魔术橡皮擦工具；图像的仿制与修复工具主要有：仿制图章工具、图案图章工具、修复画笔工具、修补工具、污点修复画笔工具等；图像的修饰工具有：模糊工具、锐化工具、涂抹工具、减淡工具、加深工具和海绵工具。这些工具的功能和使用的操作上有类似的地方，也有不同的地方。

1. 图像的擦除工具

橡皮擦工具、背景橡皮擦工具和魔术橡皮擦工具可将图像区域抹成透明或背景色。三个工具的相同点是都改变了图像中的像素。

（1）橡皮擦工具：在图像中拖移时，会随之更改图像中的像素。如果正在背景中或在透明被锁定的图层中工作，像素将更改为背景色，否则像素将抹成透明。“抹到历史记录”选项还可以使用橡皮擦使受影响的区域返回到“历史记录”调板中选中的状态。橡皮擦工具选项栏如图 3-47 所示，各选项的含义与前述画笔工具类似，这里不再详细展开讲述。

图 3-47　橡皮擦工具选项栏

（2）背景色橡皮擦工具：可用于在拖移时将图层上的像素抹成透明，从而可以在抹除背景的同时在前景中保留对象的边缘。通过指定不同的取样和容差选项，可以控制透明度的范围和边界的锐化程度。背景色橡皮擦工具选项栏如图 3-48 所示。

图 3-48　背景色橡皮擦工具选项栏

（3）魔术橡皮擦工具：在图层中点按时，该工具会自动更改所有相似的像素。如果是在背景中或是在锁定了透明的图层中工作，像素会更改为背景色，否则像素会抹为透明。魔术橡皮擦工具选项栏如图 3-49 所示。

图 3-49　魔术橡皮擦工具选项栏

2. 图像仿制与修复工具

（1）仿制图章工具：首先从图像中取样，然后将样本应用到其他图像或同一图像的其他部分。具体的用法是，先选取画笔和设置画笔选项，设置好混合模式、不透明度和流量等参数，按住 Alt 键并点按用来复制的图像区域，以设置取样点，然后放开 Alt 键就可以进行图像复制。选择“用于所有图层”选项可以从所有可视图层对数据进行取样；取消选择“用于所有图层”将只从当前图层取样。仿制图章工具选项栏如图 3-50 所示。

图 3-50　仿制图章工具选项栏

（2）**图案图章工具：**可以从图案库中选择图案或者自己创建的图案来填充图像，用法比较简单方便。图案图章工具选项栏如图 3-51 所示。

图 3-51　图案图章工具选项栏

（3）**修复画笔工具：**可用于校正图像照片中的瑕疵与不足，使它们与周围的图像融合。用法与仿制工具一样，使用修复画笔工具可以利用图像或图案中的样本像素来绘画。但是，修复画笔工具还可将样本像素的纹理、光照和阴影与源像素进行匹配，从而使修复后的像素不留痕迹地融入图像的其余部分。

（4）**修补工具：**可以用图像中的其他区域或图案中的像素来修复选中的区域。与修复画笔工具一样，修补工具会将样本像素的纹理、光照和阴影与源像素进行匹配。此外，还可以使用修补工具来仿制图像的隔离区域。

图像的修饰工具

3.3 图像绘制与修饰的设计技巧

（1）打开 Photoshop 软件，在软件中执行 Ctrl+N 命令创建一个新的图像文件，文件名称可以自定，设置图像尺寸，宽度为 750 像素，高度为 350 像素，分辨率为 72 像素 / 英寸，颜色模式为 RGB 色彩模式，背景颜色为白色。

（2）在软件的工具箱中单击前景色按钮，设置前景色，RGB 数值分别为（255、255、199）。

（3）在软件的图层面板创建一个新图层，执行 Ctrl+Delete 命令，将前景色填充到新创建的图层中，效果如图 3-52 所示。

图 3-52　填充前景色

（4）在软件中打开一幅红花素材图像文件 sucai 1.jpeg，如图 3-53 所示。然后，在 Photoshop 软件工具箱中选取磁性套索工具，对工具选项进行设置，羽化值为 0 像素，勾选消除锯齿选项，设置宽度为 10 个像素，对比度为 10%，频率为 57。

图 3-53　选取图像

（5）运用设置好的套索工具沿着花的图像轮廓边缘移动，将花的图像整体选取。

（6）保持选区不动，执行软件“编辑”菜单命令下的“定义画笔”命令，将选取的花的造型定义为画笔，在对话框中设置画笔的名称为“aaa”。

（7）在软件的工具箱中选择画笔工具，在笔刷类型选项中选择上一步建立的“aaa”画笔，设置混合模式为正常，不透明度为 100%，流量值为 100%。

（8）在工具属性栏中单击笔尖形状属性，在弹出的对话框中设置笔尖大小为 43 像素，角度为 0 度，圆度为 100%，间距为 785%，如图 3-54 所示。

（9）单击键盘上的 F5 按钮弹出“画笔预设”面板，分别勾选“形状动态”“散布”“颜色动态”三个选项，如图 3-55 所示。

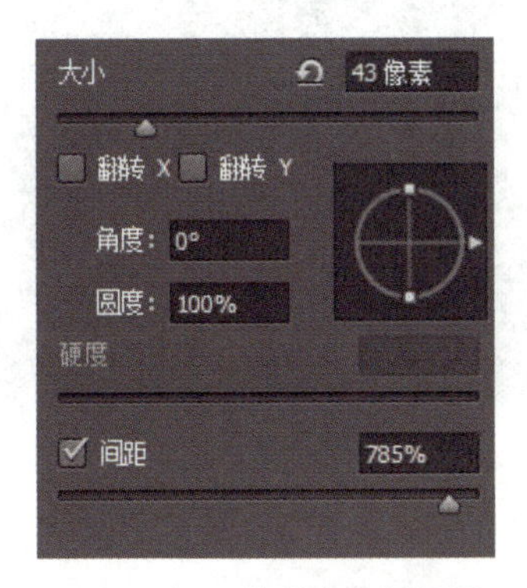

图 3-54 画笔笔尖参数设置

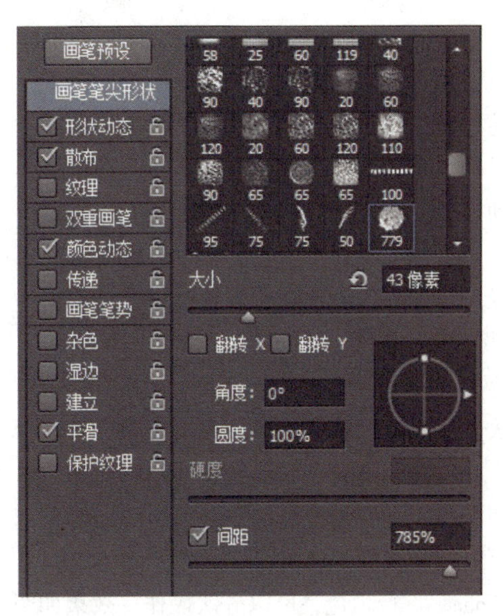

图 3-55 设置“画笔预设”选项

（10）单击“形状动态”文字所在的按钮，设置“形状动态”选项，最小直径设置为 0%，角度抖动为 100%，圆度抖动为 0%，如图 3-56 所示。

（11）单击“散布”文字所在的按钮，进行“散布”选项设置，设置数量为 1，数量抖动值为 98%，如图 3-57 所示。

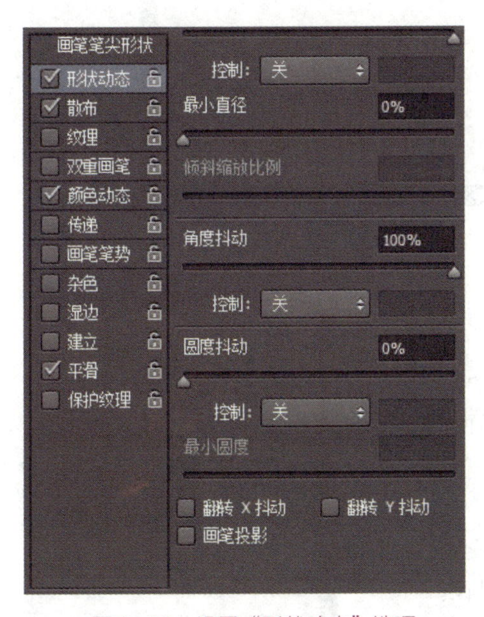

图 3-56 设置“形状动态”选项

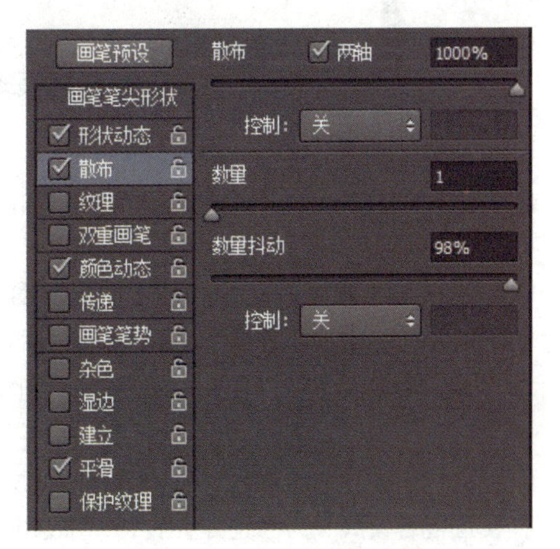

图 3-57 设置“散布”选项

（12）单击“颜色动态”文字所在的按钮，进行“颜色动态”选项设置，设置前景色 / 背景色抖动数值为 100%，色相抖动数值为 100%，饱和度抖动、亮度抖动、纯度均为 0%，如图 3-58 所示。

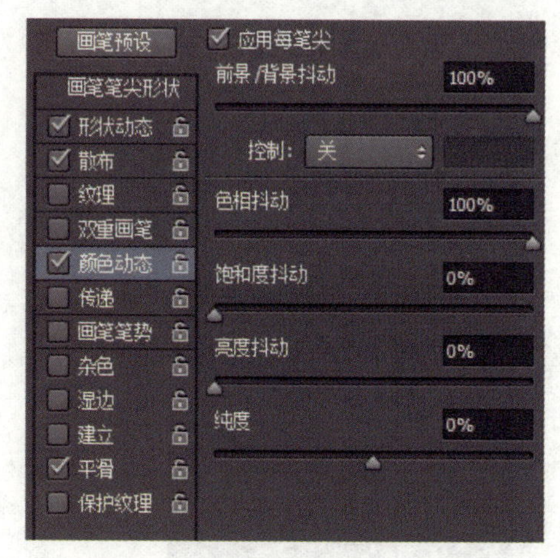

图 3-58　设置“颜色动态”选项

（13）在软件的工具箱中分别单击前景色与背景色，并对前景色与背景色分别进行颜色设置，设置前景色的 RGB 数量值为（247、41、204），背景色的 RGB 数量值为（250、97、23）。

（14）回到第一步创建的图像文件，在图层面板创建一个新图层，然后用前面设置好的画笔工具在图像的左上角用笔刷“aaa”进行填色，可以分次操作，效果如图 3-59 所示。

图 3-59　笔刷填色

（15）打开另一个素材图像文件，如图 3-60 所示。

（16）选择工具箱中移动工具，将打开的素材图像整体移到正在操作的文件中，并执行 Ctrl+T 命令对文件的大小与位置进行调整，如图 3-61 所示。

（17）在上一步的素材图像所在的图层，设置“图层混合模式”为“正片叠底”，不透明度与填充值均为 100%，如图 3-62 所示。

图 3-60　打开素材图像

图 3-61　移动并编辑素材

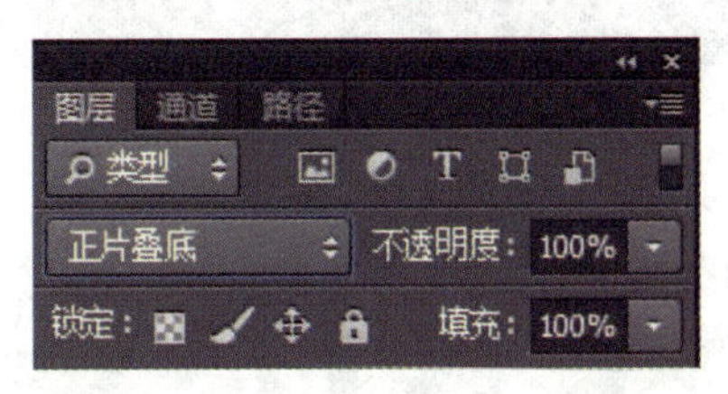

图 3-62　设置“图层混合”模式

（18）在工具箱中选取橡皮擦工具，选取一个边缘柔软的画笔，设置画笔大小为 99 像素，不透明度为 100%，流量为 28%，如图 3-63 所示。

图 3-63　橡皮擦工具选项设置

（19）用上一步设置好的橡皮擦工具，在前面的素材图像所在的图层，将边缘的图像进行适当擦除，使图像与背景更协调，效果如图 3-64 所示。

图 3-64　擦除图像边缘

（20）接下来，在工具箱中选取文本输入工具，在文本属性栏中设置字体为“Times New Roman”，字体显示方式为“Bold”，如图 3-65 所示。

图 3-65　设置字体

（21）在字符属性面板中，设置字体为“Times New Roman”，设置字体大小为 106.33 点，字体间距为 110，字体颜色为 RGB（67、136、6），分别单击“仿粗体”与“全部大写字母”按钮。

（22）在工作的图像文件中，根据以上设置输入“SPRING”文字，并用移动工具将文字移到图像的中间位置，如图 3-66 所示。

图 3-66　输入“SPRING”文字

（23）在 Photoshop 中的工具箱里选取画笔工具，在键盘上按 F5 键，弹出“画笔预设”面板，在画笔笔尖形状中选择 1 个像素的画笔笔尖，设置角度为 0 度，圆度为 100%，硬度为 100%，间距为 1000%，同时勾选“形状动态”“散布”“平滑”三个选项，如图 3-67 所示。

（24）在画笔选项面板，单击“形状动态”文字所在按钮，设置“形状动态”参数，其中最小直径为 0%，角度抖动为 100%，圆度抖动为 0%，如图 3-68 所示。

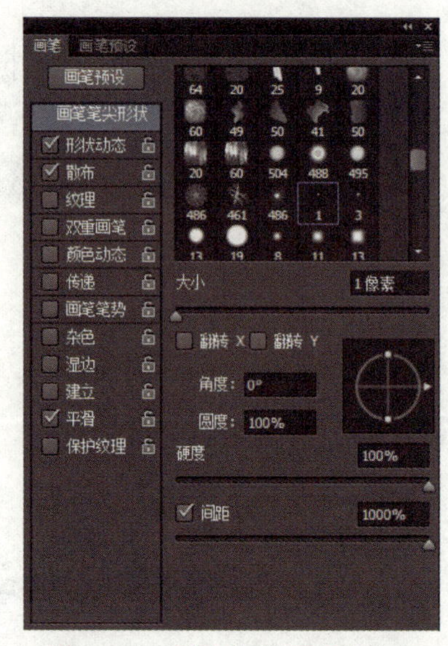

图 3-67　设置“画笔预设”选项

（25）在画笔选项面板中单击“散布”文字所在的按钮，设置“散布”参数，散布值为 1000%，散布数量为 1，数量抖动为 98%，如图 3-69 所示。

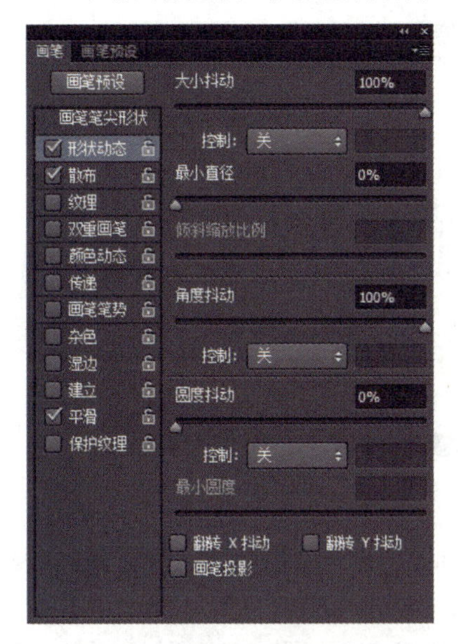

图 3-68　设置“形状动态”参数

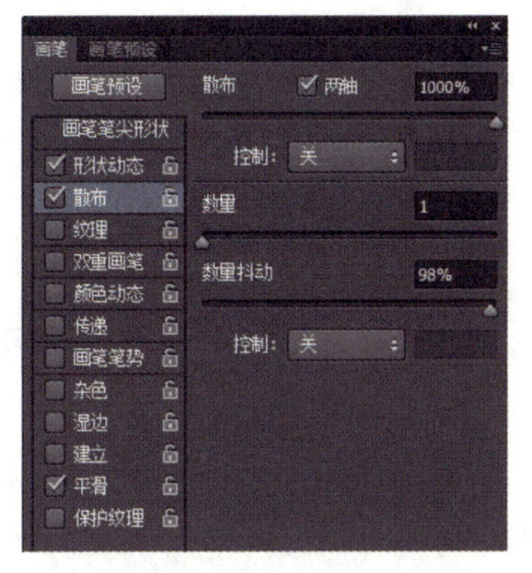

图 3-69　设置“散布”参数

（26）在图层面板选择文字图层，按住键盘上的 Ctrl 键的同时，单击文字图层的缩览图，使文字被选中，然后在图层面板创建一个新图层，以新创建的图层为当前图层，设置前景色为 RGB（202、207、59），在文字的选择区域内进行点状填充，填充完成后取消选择，如图 3-70 所示。

图 3-70　点状填充文字选区

（27）运用文本输入工具设置字符属性，其中字体为“微软雅黑”，字体大小为 24 点，字间距为 200。设置文字颜色为 RGB（202、207、59）。

（28）在图像文件中输入“春款上市 全网钜惠”文本，并用移动工具使文本与“SPRING”文本右对齐，如图 3-71 所示。

图 3-71 输入“春款上市 全网钜惠”文本

（29）继续在字符面板中设置文本参数，其中字体为“微软雅黑”，显示方式为“Regular”，字体大小为 14 点，行间距为 18 点，颜色为 RGB（102、100、100）。

（30）在文字“SPRING”的下方分别输入三行文字，如图 3-72 所示，并使中间一行的文字适当调大一点，然后使三行文字右对齐。

图 3-72 输入文字

（31）在软件中打开蝴蝶素材文件，用工具箱中的魔术棒工具将蝴蝶图像的白色区域选中，执行 Ctrl+Shift+I 命令使选区反转，从而选中蝴蝶图案，如图 3-73 所示。

（32）执行软件的“编辑”菜单下面的“定义笔刷”命令，将蝴蝶图案定义为画笔形状，选中画笔工具，将笔尖形状设置为刚才定义的蝴蝶笔刷，打开画笔预设面板，设置“画笔笔尖形状”选项，大小为 500 像素，间距为 980%，圆度为 100%，角度为 0，如图 3-74 所示。

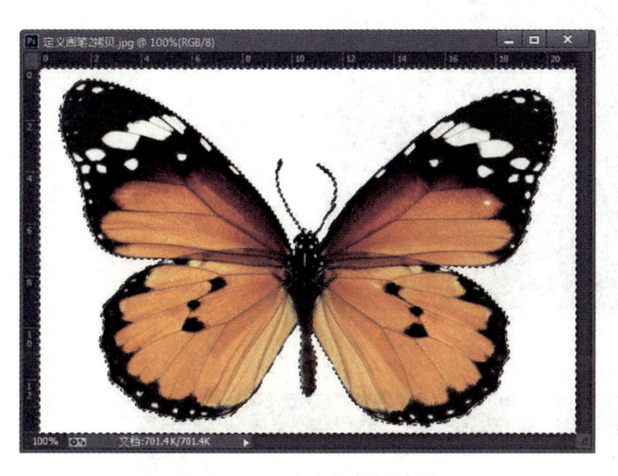

图 3-73 选中蝴蝶图案

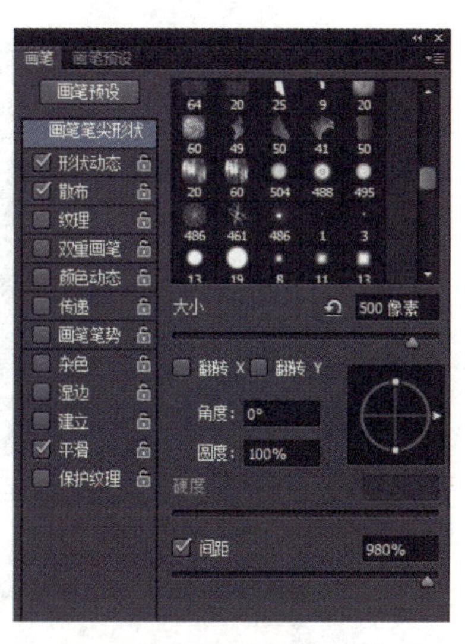

图 3-74 设置“画笔笔尖形状”选项

（33）在图层面板创建一个新图层，将前景色设置为 RGB（351、145、78），运用上一步设置的画笔绘制几只蝴蝶图案，位置在文字右上方，如图 3-75 所示。

图 3-75 绘制蝴蝶图案

（34）在工具箱中，继续运用画笔工具，将画笔笔尖形状设置为大小为 112 的“沙丘草”画笔，如图 3-76 所示。

（35）按 F5 键打开画笔预设面板，将动态形状选项中的数量设置为 1，设置前景色为一种深绿色，背景色为一种橘红色，然后在图层面板创建一个新图层，在图像文件的左下角绘制一些沙丘草形状，如图 3-77 所示。

（36）运用同样的方法，在图像的右上角绘制一些沙丘草图案，最后的效果如图 3-78 所示。

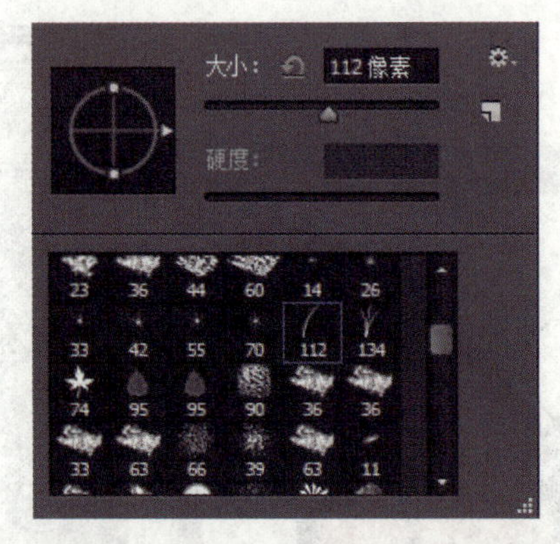

图 3-76　设置“画笔笔尖形状”选项

图 3-77　绘制沙丘草图案

图 3-78　最后效果图像

第4章 图层的应用

4.1 图层的基本知识

4.2 图层效果与样式

4.3 图层的混合

4.4 图层的栅格化、对齐与分布

4.5 使用填充图层与调整图层

4.6 文字图层

4.7 应用图层的图案效果设计

4.8 图层样式的视觉效果设计

4.1 图层的基本知识

图层的概念

4.1.1 图层的概念与属性

1. 图层面板

图层面板上显示了图像中的所有图层、图层组和图层效果，可以使用图层面板上的各种功能来完成一些图像编辑任务，例如创建、隐藏、复制和删除图层等。还可以使用图层模式改变图层上图像的效果，如添加阴影、外发光、浮雕等。另外，对图层的光线、色相、透明度等参数都可以做修改来制作不同的效果。可以在“图层”面板菜单中访问其他命令和选项。图层面板如图4-1所示。

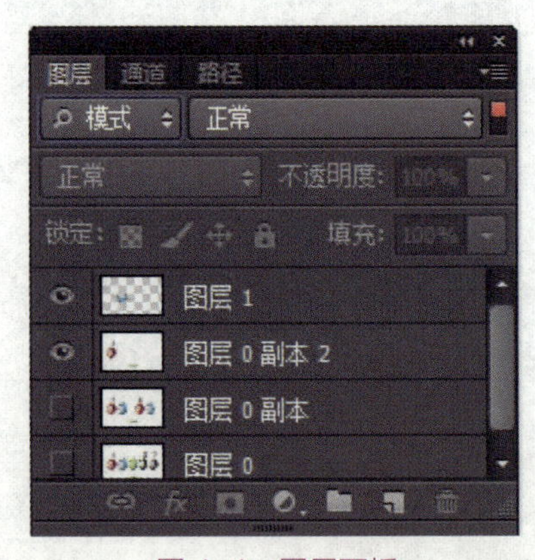

图 4-1　图层面板

在 Photoshop 中，图层面板是对图层进行管理的主要区域。如果屏幕上没有图层面板，可以通过“窗口”菜单栏下的“图层”命令打开图层面板。

在图层面板的上半部分有对图层所在的图像的不透明度设置、填充设置和锁定图像等功能。其中，锁定图像功能从左至右依次为：锁定透明像素、锁定图像像素、锁定位置和锁定全部，其作用分别如下：

（1）锁定透明像素：锁定当前图层的透明区域，使透明区域不能被编辑。

（2）锁定图像像素：使当前图层和透明区域不能被编辑。

（3）锁定位置：使当前图层不能被移动。

（4）锁定全部：使当前图层或序列完全被锁定。

如图 4-1 所示，在图层面板的底部一排按钮命令中从右到左依次为：链接图层、添加图层样式、添加蒙版、创建新的填充或调整图层、创建新组、创建新的图层和删除图层。

（1）链接图层：能使多个同时选中的图层链接起来，形成一个整体，方便编辑。

（2）添加图层样式：使当前图层增加图层样式风格效果。

（3）添加蒙版：在当前图层上创建一个蒙版，以遮盖部分图像。

（4）创建新的填充或调整图层：可对图层进行颜色填充和效果调整。

（5）创建新组：新建一个文件夹，可放入同一类的图层，缩小图层面板的长度。

（6）创建新的图层：在当前图层的上面创建一个新图层。

（7）删除图层：即垃圾桶。可以将不想要的图层拖到此处删除掉。

2. 图层筛选滤镜

图层筛选滤镜是 Photoshop CC 新增功能，此项功能将大大方便软件使用人员对不同类型图层的筛选，能快速地选择目标图层。在用 Photoshop 处理一些大型文档的时候，经常会建立几十个甚至上百个各种类型的图层，如何快速地选择其中的某些图层呢？Photoshop 已经为使用者准备好了筛选方案，即图层筛选滤镜。Photoshop 共有六种图层筛选滤镜方案，分别是按图层类型筛选、按图层名称筛选、按图层效果筛选、按图层模式筛选、按图层属性筛选、按图层颜色筛选，如图 4-2 所示。实际上，还有一种方案是选定模式，用户可以自由地通过鼠标选择目标图层。

（1）按图层类型筛选：按图层类型筛选，针对各种图层类型，分别有像素图层滤镜、调整图层滤镜、文字图层滤镜、形状图层滤镜、智能对象滤镜五种滤镜，如图 4-3 所示。通过这五种滤镜的单独或组合能快速地找到需要的图层。滤镜按钮后面的上下开关按钮可以启用和关闭图层筛选功能。

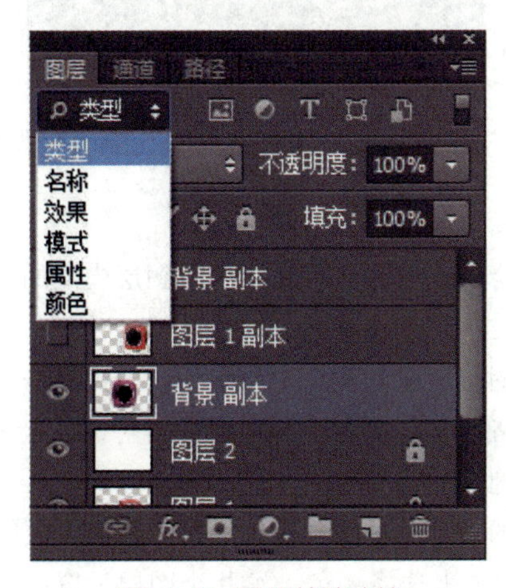

图 4-2　图层筛选滤镜

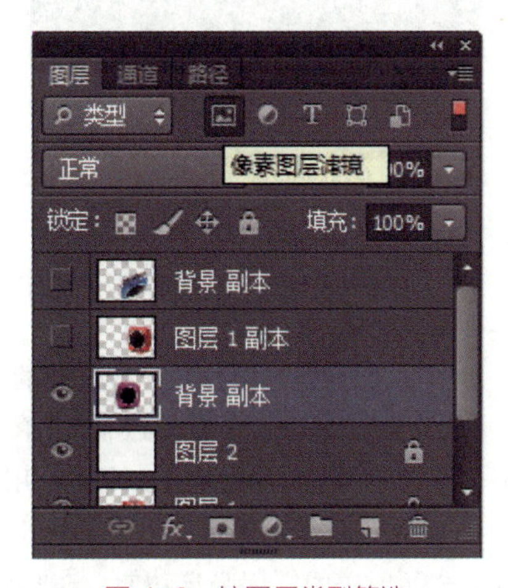

图 4-3　按图层类型筛选

单击文字图层滤镜筛选，图层面板上将只留下文字类型的图层。再次单击文字图层滤镜，就将文字图层滤镜筛选关闭。同理，单击像素图层滤镜或调整图层滤镜等，图层面板上将只留下相应的图层。

当再单击另外一个图层滤镜筛选时，相当于多选。例如，单击文字图层滤镜后，再单击像素图层滤镜，则图层面板留下了文字类型的图层和像素类型的图层。而且在滤镜状态下只能修改和使用当前筛选的图层，其他图层无法使用。当前筛选状态不能修改其他任何图层，这对要同时修改某一类型的图层就非常方便了，比如批量修改文字等。

（2）按图层名称筛选：按图层名称筛选时，选择筛选名称，输入和图层名称相关的文字，就能自动筛选出相应图层，如图 4-4 所示。如果有几个图层包含了相同的文字，就会被一起筛选出来。如果名称中输入“智能”两个字，则名称中包含“智能”的图层都会筛选出来。

（3）按图层效果筛选：按照图层效果筛选就是按照图层样式筛选，有斜面和浮雕、描边、内阴影、内发光、光泽、叠加、外发光、投影，如图 4-5 所示。如果没有加图层效果也就筛选不出来了。

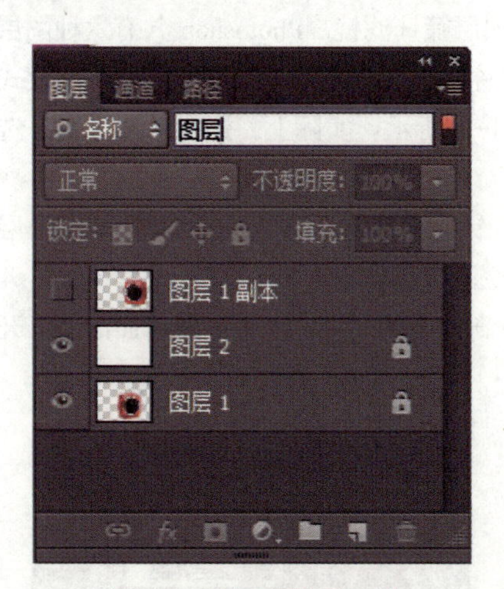

图 4-4　按图层名称筛选

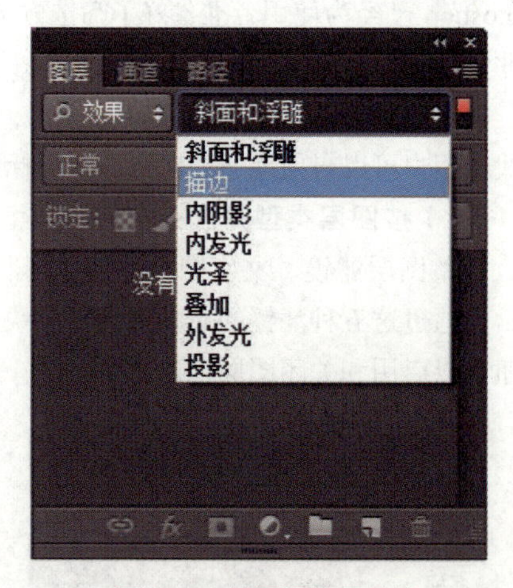

图 4-5　按图层效果筛选

（4）按图层模式筛选：选择相应的图层混合模式，那么使用了相应图层模式的图层就会被筛选出来。

（5）按图层属性筛选：比较常用的是锁定图层，比如两个图层叠加，但只想修改上面的图层，那么为了避免影响到下面的图层一般都会先锁定，到用的时候再解锁。但是很多时候不知道哪个图层锁定了，那么就用图层属性筛选滤镜筛选出来，再解除锁定。

（6）按图层颜色筛选：一般进行比较细致的设计时会用到这个功能。单击图层筛选按钮，先暂时关闭图层筛选功能，在图层上右键单击选择颜色，给几个图层设置一下颜色，如图 4-6 所示。

图层筛选功能对一些图层元素分类比较明确的文档比较适用，能快速地隔离一些图层，方便单独编辑。

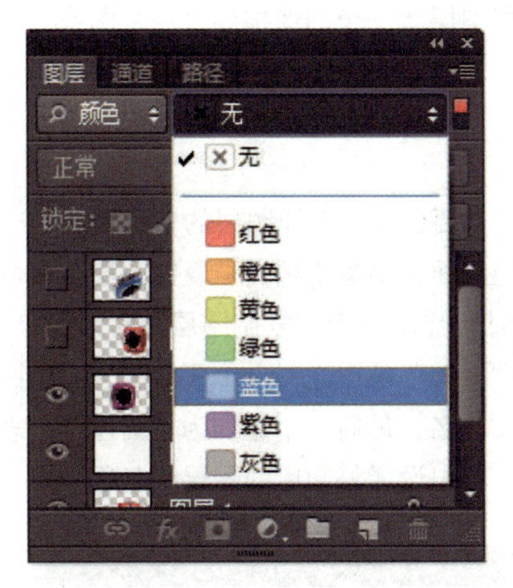

图 4-6　按图层颜色筛选

4.1.2　图层的基本操作

1. 建立图层

在 Photoshop 中，可以用许多种方法建立图层。不仅可以由使用者直接创建图层，而且有些操作在被运用时将会自动地生成图层。例如，每当粘贴素材到图像中或创建文本时，Photoshop 就会创建一个新的图层。下面将列举一些能创建图层的方法。

图层菜单：用户可以选择“图层”菜单的“新建”子菜单中的命令，设置“新建图层”对话框中的参数后单击“确定”按钮即可，如图 4-7 所示。

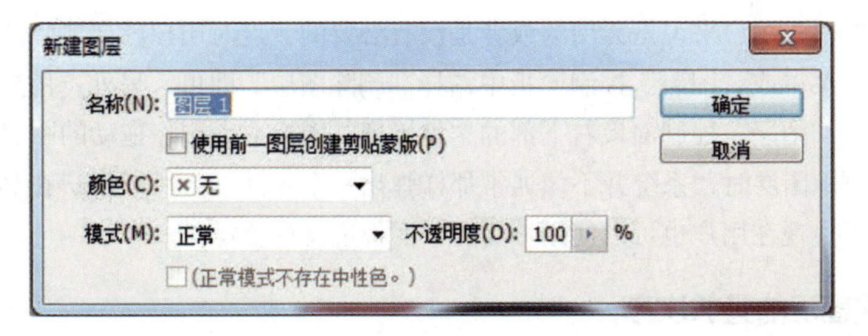

图 4-7　“新建图层”对话框

面板菜单：用户可以从“图层”控制面板的面板菜单中选择“新图层”，同样可打开如图 4-7 所示的“新建图层”对话框创建新的图层。

面板图标：用户可以从“图层”控制面板中单击“新图层”图标。

剪贴板粘贴：用户可以把图像从剪贴板上粘贴到图像中。

拖动创建：用户可以把图层从一个图像拖到另一个图像，或把图层从“图层”控制面板拖动到另一个图像。

2. 复制图层

用户在使用图层时，经常要创建一个原图层的精确拷贝，这时就可以复制图层。

用户可以从“图层”控制面板菜单中选择“复制图层”命令或者从“图层”菜单中选择“复制图层”命令，这时会弹出一个“复制图层”对话框，如图 4-8 所示。然后在对话框中设置以下参数：在“文档”项中选择一个要接受复制的图层的文件，在下拉式列表中会列出所有打开的图像文件名，最后一个选项为“新建”，表示以复制的图层为基础来新建一个文件；在“名称”项中设置复制后的图层的名称。

图 4-8　“复制图层”对话框

如果复制的图层是背景层，则上面的设置会被激活，用户可以设置是否还是以一个背景层的形式粘贴到要接受复制图层的文件中。

设置完这些参数后，单击“确定”按钮即可完成设置。

3. 删除图层

有的图层对于用户来说是无用的或者是没有必要的，这时用户就要删除这些图层。只需从“图层”菜单或“图层”控制面板中选择“删除图层”即可，另外，用户也可以简单地把图层拖到“图层”控制面板右下部的“垃圾桶”图标上来删除拖动的图层。

由于在删除图层时，系统并不像通常那样弹出一个对话框，所以用户在删除图层时要考虑清楚，不过现在用户也可以使用“历史”面板进行恢复操作。

4. 调整图层的叠放次序

图层的叠放次序对于图像来说是非常重要的，因为图层像一张透明的纸，图层的位置也就是图层中内容的位置。当然一个图层一般不会被所有的不透明的对象盖住，所以图层的叠放次序决定着图层中的哪些内容是被遮住的，哪些内容是可见的，这些可见的内容叠

放在一起即可形成一个很好的图像效果，这也是图层的一个重要的功能。

下面就介绍如何调整图层的叠放次序：

在“图层”控制面板中改变图层的叠放次序时只要将鼠标移到要调整次序的图层上，然后拖曳鼠标至适当的位置就可完成次序的调整。

另外，用户也可以使用“图层”菜单中的“排列”子菜单下的命令，如图 4-9 所示。使用此菜单可参考本章关于图层菜单各项命令的用法。

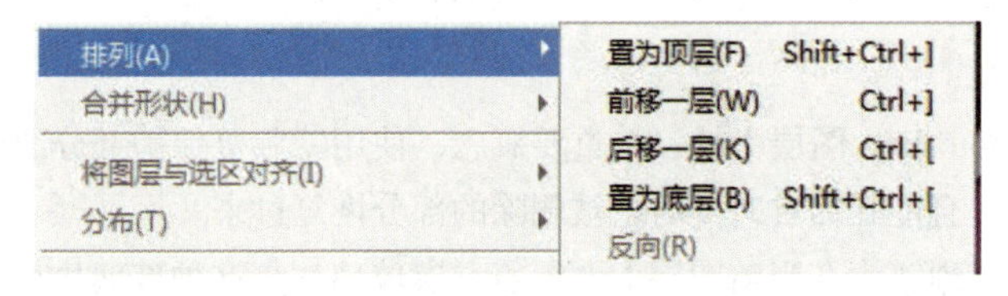

图 4-9　调整图层的叠放次序

5. 图层的链接

图层的链接功能可以方便用户移动多层图像，同时也可以合并、排列和分布图像中的图层。当几个图层进行链接后，用户对其中的一个图层进行排列等操作时可以使得和其链接的几个图层进行同样的操作。

要使几个图层成为链接的图层，其方法如下：在图层面板中同时选定多个图层，然后单击图层面板下面的“链接图层”按钮即可。当用户要将链接的图层取消链接时，同样单击一下“链接图层”按钮就可以了，如图 4-10 所示。

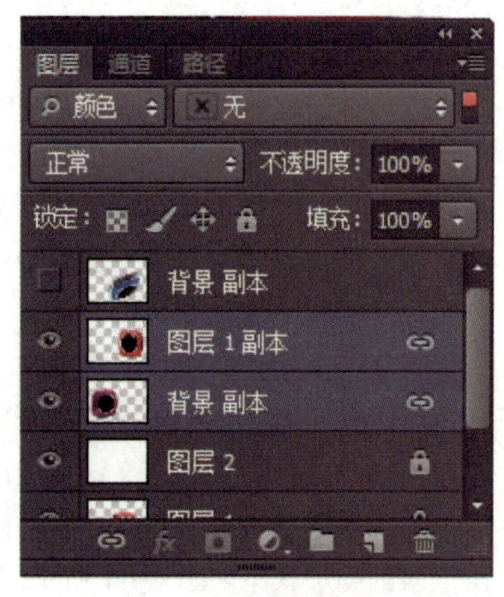

图 4-10　设置图层链接

6. 图层的合并

如果用户觉得几个图层可以进行合并，以节省内存空间和提高操作速度，就可以使用合并图层的功能，合并图层共有三个命令。这三个合并命令既出现在“图层”菜单中，又出现在“图层”控制面板的弹出菜单中，下面分别介绍各个命令的功能。

（1）“合并可视图层”：在该命令被应用时，将合并所有可视图层，这是清理图像和精简文件尺寸的一种好方法。当用户不想合并所有的图层时，做法很简单，关闭仍想分离的任何一个图层的可视性，并选择“合并可见图层”命令，即可合并其余图层。按住 Alt 键可把所有可视图层合并到活动图层上。

（2）“合并链接图层”：把多个被链接在一起的图层合并成一个单独的图层，这条命令只当有图层被链接在一起时才可利用。按住 Alt 键可把链接图层合并到活动图层上。

（3）**“拼合图像”**：此命令是一种比较特殊的合并命令，它首先获取所有可视或不可视的图层，然后把它们合并成一个展平的、无图层的图像。如果在选择这条命令时存在不可视的图层，那么 Photoshop 会询问使用者，是否想删除这些隐藏着的图层。如果想返回去把它们增加到图像上或把它们复制到另一文件中，那么单击“取消”按钮。

4.1.3 图层的蒙版

蒙版也是 Photoshop 图层中的一个重要概念，使用蒙版可保护部分图层，被保护的图层不能被编辑，并且能在需要时随时把被删除的部分恢复过来。

图层蒙版可以理解为在当前图层上面覆盖一层玻璃片，这种玻璃片有：透明的、半透明的、完全不透明的。然后用各种绘图工具在蒙版上（即玻璃片上）涂色（只能涂黑色、白色、灰色），涂黑色的地方蒙版变为不透明的，看不见当前图层的图像；涂白色则使涂色部分变为透明的，可看到当前图层上的图像；涂灰色使蒙版变为半透明，透明的程度由涂色的灰度深浅决定。蒙版是 Photoshop 中一项十分重要的功能。

就图层蒙版来说，实际上是建立一个坐落在该图层上面的蒙版，从而把某些部分隐藏，而让其余部分透视过来。当需要恢复一个已隐藏的部分时，只需返回来擦除该蒙版即可。这种方法类似于建立一个快速蒙版，因为单击一个图标激活该蒙版，并在图像上绘画来定义蒙版区；跟快速蒙版不同的是，看不到定义该选择的着色区域，而下面的图层或者被暴露，或者被隐藏。添加图层蒙版的图层状态如图 4-11 所示。

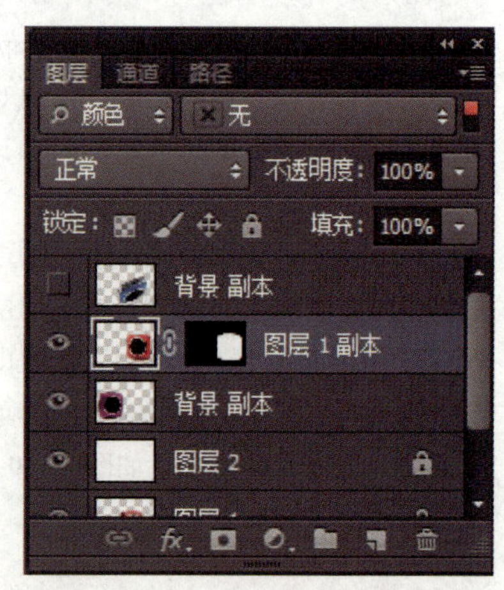

图 4-11　添加图层蒙版的图层状态

所以图层蒙版是一种特殊的选区，但它的目的并不是对选区进行操作，相反，而是要保护选区的不被操作。同时，不处于蒙版范围的地方则可以进行编辑与处理。

蒙版虽然是种选区，但它跟常规的选区颇为不同。常规的选区表现了一种操作趋向，即将对所选区域进行处理；而蒙版却相反，它是对所选区域进行保护，让其免于操作，而对非掩盖的地方应用操作。在 Photoshop 中的图层蒙版中只能用黑色、白色及其中间的过渡色（灰色）。在蒙版中的黑色就是蒙住当前图层的内容，显示当前图层下面的层的内容来，蒙版中的白色则是显示当前层的内容。蒙版中的灰色是半透明状，当前图层下面的图层的内容若隐若现。图层蒙版属性调整面板如图 4-12 所示。

图 4-12　图层蒙版属性调整面板

在图层面板下方单击“添加图层蒙版”按钮，即可新建图层蒙版，在“图层”菜单下选择“添加图层蒙版”中的“显示选区”或“隐藏选区”命令即可显示或隐藏图层蒙版。单击图层面板中的“图层蒙版缩览图”将它激活，然后选择一个编辑或绘画工具可以在蒙版上进行编辑。将蒙版涂成白色可以从蒙版中减去并显示图层，将蒙版涂成灰色可以看到部分图层，将蒙版涂成黑色可以向蒙版中添加并隐藏图层。图层蒙版的具体操作方法如下：

（1）图层面板最下面有一排小按钮，其中第三个（长方形里面有个圆形的图案）就是添加图层蒙版按钮，单击这个按钮就可以为当前图层添加图层蒙版。不论工具箱中的前景色和背景色之前是什么颜色，当为一个图层添加图层蒙版之后，前景色和背景色就只有黑白两色。

（2）执行“图层”菜单中的“图层蒙版”下的“显示全部或者隐藏全部”命令，也可以为当前图层添加图层蒙版。“隐藏全部”对应的是为图层添加黑色蒙版，效果为图层完全透明，显示下面图层的内容，“显示全部”就是完全不透明，如图 4-13 所示。

图 4-13　图层蒙版应用

编辑图层蒙版

增加图层蒙版，只是完成了应用图层蒙版的第一步。要使用图层蒙版，还必须对图层的蒙版进行编辑，才能取得所需的效果。

要编辑图层蒙版，可以按如下步骤进行操作。

（1）单击“图层”面板中的图层蒙版缩览图，将其激活。

（2）选择任意一种编辑或绘画工具。

（3）考虑所需要的效果并按以下准则进行操作：❶ 如果要隐藏当前图层，用黑色在蒙版中绘图；❷ 如果要显示当前图层，用白色在蒙版中绘图；❸ 如果要使当前图层部分可见，用灰色在蒙版中绘图。

（4）如果要编辑图层而不是编辑图层蒙版，单击“图层”面板中该图层的图层缩览图，以将其激活。

图层样式

图层样式也称图层效果，可以帮助使用者快速应用各种效果，还可以查看各种预设的图层样式，使用鼠标即可应用样式，也可以通过对图层应用多种效果创建自定样式。可应用的效果样式如投影效果、外发光、浮雕、描边等。

4.2.1 图层样式选项

1. 图层样式面板

Photoshop 提供了很多预设的样式，可以在“图层样式”面板中直接选择所要的效果套用，应用预设样式后还可以在它的基础上再修改效果。

Photoshop 提供了各种效果（如阴影、发光和斜面）来更改图层内容的外观。图层效果与图层内容链接。移动或编辑图层的内容时，修改的内容中会应用相同的效果。例如，如果对文本图层应用投影并添加新的文本，则将自动为新文本添加阴影。图层样式是应用于一个图层或图层组的一种或多种效果。可以应用 Photoshop 附带提供的某一种预设样

式，或者使用“图层样式”对话框来创建自定样式。“图层样式”图标将出现在图层面板中的图层名称的右侧。可以在图层面板中展开样式，以便查看或编辑合成样式的效果。通过在混合选项面板中添加各种效果，也可以自定义样式。如果存储自定样式，该样式则成为预设样式。预设样式出现在样式面板中，只需单击一次便可将其应用于图层或组。“图层样式”面板如图 4-14 所示。

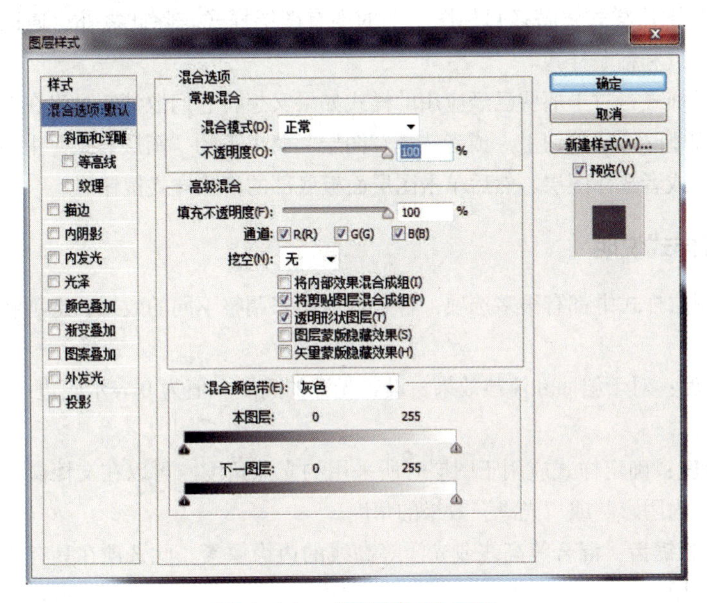

图 4-14　“图层样式”面板

在 Photoshop 中各图层样式效果的含义如下：

（1）**投影：**在图层内容的后面添加阴影。

（2）**内阴影：**紧靠在图层内容的边缘内添加阴影，使图层具有凹陷外观。

（3）**外发光和内发光：**添加从图层内容的外边缘或内边缘发光的效果。

（4）**斜面和浮雕：**对图层添加高光与暗调的各种组合。

（5）**光泽：**在图层内部根据图层的形状应用阴影，通常都会创建出光滑的磨光效果。

（6）**颜色叠加、渐变叠加和图案叠加：**用颜色、渐变或图案填充图层内容。

（7）**描边：**使用颜色、渐变或图案在当前图层上描画对象的轮廓。

以上每一种样式都可以在“混合选项”面板中对其进行详细的参数设置，这样灵活的应用效果模式可以创造出花样繁多的特殊效果。

隐藏/显示图层样式：在“图层”菜单下的“图层样式”命令中可以选择“隐藏所有图层样式”或“显示所有图层样式”命令，来隐藏 / 显示图层的样式。在图层面板中可以展开图层样式，也可以将它们合并在一起。

拷贝和粘贴样式：如果希望其他的图层可以应用同一个样式，可以使用拷贝和粘贴样式功能，首先选择要拷贝的样式的图层，然后选择“图层”菜单下的“图层样式”中的“拷贝图层样式”命令。要将样式粘贴到另一个图层中，先在图层面板中选择目标图层，再选择“图层”菜单下的“图层样式”中的“粘贴图层样式”命令。若要粘贴到多个图层中，则需要先链接目标图层，然后选择“图层样式”中的“将图层样式粘贴到链接的图层”，粘贴的图层样式将替换目标图层上的现有图层样式。除此之外，通过鼠标拖移效果，也可以拷贝和粘贴样式。

删除图层样式：对于那些已经应用的样式如果又想将它们取消，可以在图层面板中将效果栏拖移到删除图层按钮上。或者选择“图层”菜单下的“图层样式”中的“清除图层样式”命令。或者选择图层，然后单击图层面板底部的清除样式按钮。

2. 图层样式说明

在各类图层样式中都有很多选项，各个选项用来调整不同的效果，选项和参数的含义如下：

（1）高度：对于斜面和浮雕效果，设置光源的高度。值为 0 表示底边；值为 90 表示图层的正上方。

（2）角度：确定样式应用于图层时所采用的光照角度。可以在文档窗口中拖动以调整“投影”“内阴影”或“光泽”效果的角度。

（3）消除锯齿：混合等高线或光泽等高线的边缘像素。此选项在具有复杂等高线的小阴影上最有用。

（4）混合模式：确定图层样式与下层图层（可以包括也可以不包括现用图层）的混合方式。例如，内阴影与现用图层混合，因为此效果绘制在该图层的上部，而投影只与现用图层下的图层混合。在大多数情况下，每种样式的默认模式都会产生最佳结果。

（5）阻塞：模糊之前收缩“内阴影”或“内发光”的杂边边界。

（6）颜色：指定阴影、发光或高光。可以单击颜色框并选取颜色。

（7）等高线：使用纯色发光时，“等高线”允许创建透明光环。使用渐变填充发光时，“等高线”允许创建渐变颜色和不透明度的重复变化。在斜面和浮雕中，可以使用“等高线”勾画在浮雕处理中被遮住的起伏、凹陷和凸起。使用阴影时，可以使用“等高线”指定渐隐。

（8）距离：指定阴影或光泽效果的偏移距离。可以在文档窗口中拖动以调整偏移距离。

（9）深度：指定斜面深度。它还可以指定图案的深度。

（10）使用全局光：可以使用此选项来设置一个“主”光照角度，这个角度可用于使用阴影的所有图层效果：“投影”“内阴影”以及“斜面和浮雕”。在任何效果中，如果选中“使用全局光”并设置一个光照角度，则该角度将成为全局光源角度。选定了“使用

全局光”的任何其他效果将自动继承相同的角度设置。如果取消选择“使用全局光”，则设置的光照角度将成为“局部的”并且仅应用于该效果。也可以通过选取“图层样式—局光”来设置全局光源角度。

（11）光泽等高线：创建有光泽的金属外观。“光泽等高线”是在为斜面或浮雕加上阴影效果后应用的。

（12）渐变：指定图层效果的渐变。单击“渐变”按钮以显示“渐变编辑器”，或单击倒箭头并从弹出式面板中选取一种渐变。可以使用渐变编辑器编辑渐变或创建新的渐变。在“渐变叠加”面板中，可以像在“渐变编辑器”中那样编辑颜色或不透明度。对于某些效果，可以指定附加的渐变选项。“反向”翻转渐变方向，“与图层对齐”使用图层的外框来计算渐变填充，而“缩放”则缩放渐变的应用。还可以通过在图像窗口中单击和拖动来移动渐变中心。“样式”指定渐变的形状。

（13）高光或阴影模式：指定斜面或浮雕高光或阴影的混合模式。

（14）抖动：改变渐变的颜色和不透明度的应用。

（15）图层挖空投影：控制半透明图层中投影的可见性。

（16）杂色：指定发光或阴影的不透明度中随机元素的数量，输入值或拖动滑块进行设置。

（17）不透明度：设置图层效果的不透明度，输入值或拖动滑块进行设置。

（18）图案：指定图层效果的图案。单击弹出式面板并选取一种图案。单击“新建预设”按钮，根据当前设置创建新的预设图案。单击“贴紧原点”按钮，使图案的原点与文档的原点相同（在“与图层链接”处于选定状态时），或将原点放在图层的左上角（如果取消选择了“与图层链接”）。如果希望图案在图层移动时随图层一起移动，可以选择“与图层链接”。拖动“缩放”滑块，或输入一个值以指定图案的大小。拖动图案可在图层中定位图案；通过使用“贴紧原点”按钮来重设位置。如果未载入任何图案，则“图案”选项不可用。

（19）位置：指定描边效果的位置是“外部”“内部”还是“居中”。

（20）范围：控制发光中作为等高线目标的部分或范围。

（21）大小：指定模糊的半径和大小或阴影大小。

（22）软化：模糊阴影效果可减少多余的人工痕迹。

（23）源：指定内发光的光源。选取“居中”以应用从图层内容的中心发出的发光，或选取“边缘”以应用从图层内容的内部边缘发出的发光。

（24）扩展：模糊之前扩大杂边边界。

（25）样式：指定斜面样式，“内斜面”在图层内容的内边缘上创建斜面；“外斜面”在图层内容的外边缘上创建斜面；“浮雕效果”使图层内容相对于下层图层呈浮雕状的效果；“枕状浮雕”模拟将图层内容的边缘压入下层图层中的效果；“描边浮雕”将浮雕限于应用于图层的描边效果的边界（如果未将任何描边应用于图层，则“描边浮雕”效

果不可见）。

（26）**方法**：“平滑”“雕刻清晰”和“雕刻柔和”可用于斜面和浮雕效果；“柔和”与“精确”应用于内发光和外发光效果。

❶ **平滑**：稍微模糊杂边的边缘，可用于所有类型的杂边，不论其边缘是柔和的还是清晰的。此技术不保留大尺寸的细节特征。

❷ **雕刻清晰**：使用距离测量技术，主要用于消除锯齿形状（如文字）的硬边和杂边。它保留细节特征的能力优于“平滑”技术。

❸ **雕刻柔和**：使用经过修改的距离测量技术，虽然不如“雕刻清晰”精确，但对较大范围的杂边更有用。它保留特征的能力优于“平滑”技术。

❹ **柔和**：应用模糊技术，可用于所有类型的杂边，不论其边缘是柔和的还是清晰的。“柔和”不保留大尺寸的细节特征。

❺ **精确**：使用距离测量技术创造发光效果，主要用于消除锯齿形状（如文字）的硬边和杂边。它保留特写的能力优于“柔和”技术。

（27）**纹理**：应用一种纹理。使用“缩放”来缩放纹理的大小。如果要使纹理在图层移动时随图层一起移动，请选择“与图层链接”。“反相”使纹理反相。“深度”改变纹理应用的程度和方向（上 / 下）。“贴紧原点”使图案的原点与文档的原点相同（如果取消选择了“与图层链接”），或将原点放在图层的左上角（如果“与图层链接”处于选定状态）。拖动纹理可在图层中定位纹理。

4.2.2 图层样式控制面板

图层样式控制面板是用于控制图层样式设置的一个非常重要的工具。如果在“窗口”菜单中单击“显示样式”命令，这时出现一个控制面板，如图 4-15 所示。可以看到这个面板和“颜色”“样式”控制面板同在一个控制面板中，它的使用和这两个控制面板的使用差不多，但是它的功能远比这两个控制面板强，而且也比这两个面板实用。

图 4-15　图层样式控制面板

在图层样式控制面板的最下面可以看到有三个按钮：

（1）“清除样式”图标：使用此命令将会撤销样式效果，用户如果使用过样式来刷新图层，那么在单击此图标后就会将应用的效果取消（如果没有使用样式效果，此命令将不处于激活状态），比

如刚才使用样式工具来制作的文字效果将会被删除。

（2）“新样式”图标：此命令用于将当前的图层效果和图层参数设置为一个新的图层样式，同样只有当前图层使用图层效果或设置图层参数后此图标才处于激活状态；另外还有一种方法可以创建新样式，只要用户将鼠标移到图层样式面板的空白处，这时如果当前图层使用了图层效果，鼠标将会变成一个油漆桶工具状，这时单击鼠标即可将当前样式设置为一个新样式。

（3）“删除当前样式”图标：此图标命令用于将当前的图层样式删除。

单击面板右上角的三角形图标，这时会出现一个下拉式的面板菜单，可以直接用来设置图层样式的命令。用户可以在此设置一些面板的参数。

以上详细讲述了面板的使用，后面将对图层样式的创建等内容作实质性的介绍，使用户能逐步地掌握图层样式的用法。

4.3 图层的混合

使用 Photoshop 丰富的图层混合模式可以创建各种特殊图像效果，使用混合模式很简单，只要选中要添加混合模式的图层，然后在图层面板的混合模式菜单中找到所要的效果。使用“排除”混合模式所得到的效果，如图 4-16 所示。

图 4-16　“排除”混合模式效果

在菜单选项栏中指定的混合模式可以控制图像中的像素的色调和光线，应用这些模式之前应从下面三个颜色应用角度来考虑：

1. **基色：**是图像中的原稿颜色；
2. **混合色：**是通过绘画或编辑工具应用的颜色；
3. **结果色：**是混合后得到的颜色。

各类混合模式选项详解如下：

（1）正常：编辑或绘制每个像素使其成为结果色（默认模式）。

（2）溶解：编辑或绘制每个像素使其成为结果色。但根据像素位置的不透明度，结果色由基色或混合色的像素随机替换。

（3）变暗：查看每个通道中的颜色信息，选择基色或混合色中较暗的作为结果色，其中比混合色亮的像素被替换，比混合色暗的像素保持不变。

（4）正片叠底：查看每个通道中的颜色信息，并将基色与混合色复合，结果色是较暗的颜色。任何颜色与黑色混合产生黑色，与白色混合保持不变。用黑色或白色以外的颜色绘画时，绘画工具绘制的连续描边产生逐渐变暗的颜色，与使用多个魔术标记在图像上绘图的效果相似。

（5）颜色加深：查看每个通道中的颜色信息，通过增加对比度使基色变暗以反映混合色，与黑色混合后不产生变化。

（6）线性加深：查看每个通道中的颜色信息，通过减小亮度使基色变暗以反映混合色。

（7）变亮：查看每个通道中的颜色信息，选择基色或混合色中较亮的颜色作为结果色。比混合色暗的像素被替换，比混合色亮的像素保持不变。

（8）滤色（屏幕）：查看每个通道的颜色信息，将混合色的互补色与基色混合。结果色总是较亮的颜色，用黑色过滤时颜色保持不变，用白色过滤将产生白色。

（9）颜色减淡：查看每个通道中的颜色信息，并通过减小对比度使基色变亮以反映混合色，与黑色混合则不发生变化。

（10）线性减淡：查看每个通道中的颜色信息，并通过增加亮度使基色变亮以反映混合色，与黑色混合则不发生变化。

（11）叠加：复合或过滤颜色具体取决于基色。图案或颜色在现有像素上叠加同时保留基色的明暗对比。不替换基色，但基色与混合色相混以反映原色的亮度或暗度。

（12）柔光：使颜色变亮或变暗具体取决于混合色，效果与发散的聚光灯照在图像上相似。如果混合色（光源）比 50% 灰色亮则图像变亮，就像被减淡了一样。如果混合色（光源）比 50% 灰色暗则图像变暗，就像加深了。用纯黑色或纯白色绘画会产生明显较暗或较亮的区域，但不会产生纯黑色或纯白色。

（13）强光：复合或过滤颜色具体取决于混合色，效果与耀眼的聚光灯照在图像上相似。如果混合色（光源）比 50% 灰色亮则图像变亮，就像过滤后的效果。如果混合色（光源）比 50% 灰色暗则图像变暗，就像复合后的效果。用纯黑色或纯白色绘画会产生纯黑色或纯白色。

（14）亮光：通过增加或减小对比度来加深或减淡颜色，具体取决于混合色。如果混合色（光源）比 50% 灰色亮，则通过减小对比度使图像变亮。如果混合色比 50% 灰色暗，则通过增加对比度使图像变暗。

（15）线性光：通过减小或增加亮度来加深或减淡颜色，具体取决于混合色。如果混合色（光源）比 50% 灰色亮，则通过增加亮度使图像变亮。如果混合色比 50% 灰色暗，则通过减小亮度使图像变暗。

（16）点光：替换颜色具体取决于混合色。如果混合色（光源）比 50% 灰色亮，则替换比混合色暗的像素，而不改变比混合色亮的像素。如果混合色比 50% 灰色暗，则替换比混合色亮的像素，而不改变比混合色暗的像素。这对于在图像中添加特殊效果非常有用。

（17）差值：查看每个通道中的颜色信息，并从基色中减去混合色，或从混合色中减去基色，具体取决于哪一个颜色的亮度值更大。与白色混合将反转基色值；与黑色混合则不产生变化。

（18）排除：创建一种与“差值”模式相似但对比度更低的效果。与白色混合将反转基色值，与黑色混合则不发生变化。

（19）色相：用基色的亮度和饱和度以及混合色的色相创建结果色。

（20）饱和度：用基色的亮度和色相以及混合色的饱和度创建结果色。在无饱和度（灰色）的区域上用此模式绘画不会产生变化。

（21）颜色：用基色的亮度以及混合色的色相和饱和度创建结果色，这样可以保留图像中的灰阶，并且对于给单色图像上色和给彩色图像着色都会非常有用。

（22）亮度：用基色的色相和饱和度以及混合色的亮度创建结果色。此模式创建与“颜色”模式相反的效果。

4.4 图层的栅格化、对齐与分布

4.4.1　图层栅格化

在各类图层中，如果图层中包含矢量数据（如文字图层、形状图层、矢量蒙版或智能对象）和生成的数据（如填充图层），则图层上不能使用绘画工具或滤镜进行操作与编辑。但是，可以栅格化这些图层，将其内容转换为平面的位图。

图层栅格化的具体方法是选择要栅格化的图层，并选取“图层—栅格化”命令，然后从子菜单中选取一个选项。如果要栅格化链接图层，选择一个链接图层，然后选取“图层—选择链接图层”，然后栅格化选定的图层，如图 4-17 所示。

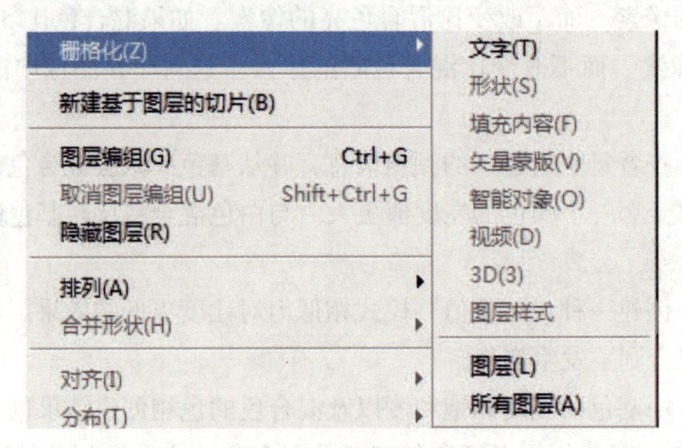

图 4-17　图层栅格化

（1）**文字**：用来栅格化文字图层上的文字。该操作不会栅格化图层上的任何其他矢量数据。

（2）**形状**：用来栅格化形状图层。

（3）**填充内容**：用来栅格化形状图层的填充内容，同时保留矢量蒙版。

（4）**矢量蒙版**：栅格化图层中的矢量蒙版，同时将其转换为图层蒙版。

（5）**智能对象**：将智能对象转换为栅格图层。

（6）**视频**：将当前视频帧栅格化为图像图层。

（7）**3D**：仅限 Extended，是将 3D 数据的当前视图栅格化成平面栅格图层。

（8）**图层**：栅格化选定图层上的所有矢量数据。

（9）**所有图层**：栅格化包含矢量数据和生成的数据的所有图层。

图层挖空

4.4.2　图层的对齐与分布

1. 图层对齐

可以使用移动工具对齐图层和组的内容。要对齐多个图层，使用移动工具或在“图层”面板中选择图层，或者选择一个组。要将一个或多个图层的内容与某个选区边界对齐，可以在图像内建立一个选区，然后在“图层”面板中选择图层。使用此方法可对齐图像中任何指定的点。

使用移动工具对齐图层，需要把多个图层一起选中。对齐工具选项如图 4-18 所示。

图 4-18　对齐工具选项

选取“图层—对齐”或“图层—将图层与选区对齐”，然后从子菜单中选取一个命令。在移动工具选项栏中，下面这些命令作为“对齐”按钮出现，如图 4-19 所示。

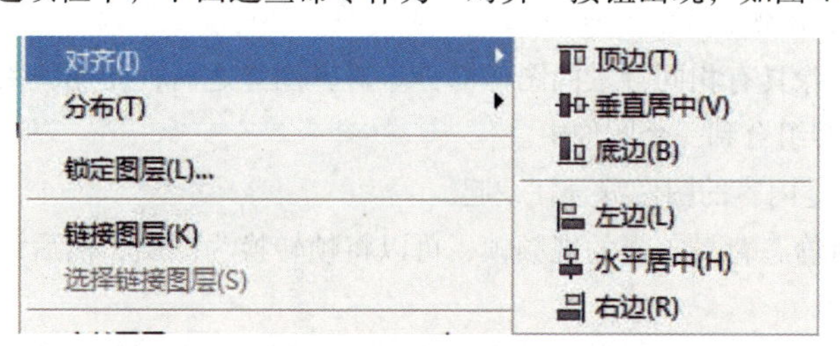

图 4-19　图层对齐

（1）**顶边**：将选定图层上的顶端像素与所有选定图层上最顶端的像素对齐，或与选区边框的顶边对齐。

（2）**垂直居中**：将每个选定图层上的垂直中心像素与所有选定图层的垂直中心像素对齐，或与选区边框的垂直中心对齐。

（3）**底边**：将选定图层上的底端像素与所有选定图层上最底端的像素对齐，或与选区边界的底边对齐。

（4）**左边**：将选定图层上左端像素与所有选定图层上最左端像素对齐，或与选区边界的左边对齐。

（5）**水平居中**：将选定图层上的水平中心像素与所有选定图层的水平中心像素对齐，或与选区边界的水平中心对齐。

（6）**右边**：将选定图层上的右端像素与所有选定图层上的最右端像素对齐，或与选区边界的右边对齐。

2. 图层的分布

图层的分布与图层的对齐类似，主要也是针对图层所在的图像进行的。图层分布要选择三个以上的图层。选取“图层—分布”命令。或者，选择移动工具并单击选项栏中的分布按钮，就可实现操作。分布的类型有以下六种：

（1）**顶边分布**：从每个图层的顶端像素开始，间隔均匀地分布图层。

（2）**垂直居中分布**：从每个图层的垂直中心像素开始，间隔均匀地分布图层。

（3）**底边分布**：从每个图层的底端像素开始，间隔均匀地分布图层。

（4）**左边分布**：从每个图层的最左端像素开始，间隔均匀地分布图层。

（5）**水平居中分布**：从每个图层的水平中心像素开始，间隔均匀地分布图层。

（6）**右边分布**：从每个图层的最右端像素开始，间隔均匀地分布图层。

3. 图层的自动对齐

“自动对齐图层”命令可以根据不同图层中的相似内容（如角和边）自动对齐图层。可以指定一个图层作为参考图层，也可以让 Photoshop 自动选择参考图层。其他图层将与参考图层对齐，以便匹配的内容能够自行叠加。通过使用“自动对齐图层”命令，可以用以下三种方式组合图像：

❶ 替换或删除具有相同背景的图像部分。对齐图像之后，使用蒙版或混合效果将每个图像的部分内容组合到一个图像中。

❷ 将共享重叠内容的图像缝合在一起。

❸ 对于针对静态背景拍摄的视频帧，可以将帧转换为图层，然后添加或删除跨越多个帧的内容。

自动对齐图层图像操作过程中必须把将要对齐的图像拷贝或置入到同一文档中。每个图像都将位于单独的图层中。选择要对齐的其余图层，如果要从面板中选择多个相邻图层，按住 Shift 键并单击相应图层；如果要选择不相邻的图层，按住 Ctrl 键（Windows）或 Command 键（Mac OS）并单击相应图层。不要选择调整图层、矢量图层或智能对象，它们不包含对齐所需的信息。

选择“编辑—自动对齐图层”命令，然后选择对齐选项。如果需将共享重叠区域的多个图像缝合在一起（例如：创建全景图），要使用“自动”“透视”或“圆柱”选项。要将扫描图像与位移内容对齐，请使用“仅调整位置”选项。Photoshop 将自动分析源图像并应用“透视”或“圆柱”版面（取决于哪一种版面能够生成更好的复合图像）。

透视通过将源图像中的一个图像（默认情况下为中间的图像）指定为参考图像来创建一致的复合图像。然后将其变换为其他图像，必要时，进行位置调整、伸展或斜切，以便匹配图层的重叠内容。

（1）圆柱：通过在展开的圆柱上显示各个图像来减少在“透视”版面中会出现的“领结”扭曲。图层的重叠内容仍匹配。将参考图像居中放置。最适合于创建宽全景图。

（2）球面：将图像与宽视角对齐（垂直和水平）。指定某个源图像（默认情况下是中间图像）作为参考图像，并对其他图像执行球面变换，以便匹配重叠的内容。

（3）场景拼贴：对齐图层并匹配重叠内容，不更改图像中对象的形状（例如：圆形将保持为圆形）。仅调整位置对齐图层并匹配重叠内容，但不会变换（伸展或斜切）任何源图层。

（4）镜头校正：可以自动校正图像中镜头缺陷：晕影去除对导致图像边缘（尤其是角落）比图像中心暗的镜头缺陷进行补偿。几何扭曲补偿桶形、枕形或鱼眼失真。几何扭曲将尝试考虑径向扭曲以改进除鱼眼镜头外的对齐效果；当检测到鱼眼元数据时，几何扭曲将为鱼眼对齐图像。

4.5 使用填充图层与调整图层

4.5.1 使用填充图层

填充图层可以用纯色、渐变或图案填充图层。填充图层不影响下面的图层。用户可以新建三种填充层，分别为纯色填充层、渐变填充层和图案填充层。

纯色：用当前前景色填充调整图层。使用拾色器选择其他填充颜色。

渐变：单击“渐变”按钮以显示“渐变编辑器”，或单击倒箭头并从弹出式面板中选取一种渐变。如果需要，可以设置其他选项。“样式”指定渐变的形状。“角度”指定应用渐变时使用的角度。“缩放”更改渐变的大小。“反向”翻转渐变的方向。“仿色”通过对渐变应用仿色减少带宽。“与图层对齐”使用图层的定界框来计算渐变填充。可以在图像窗口中拖动以移动渐变中心。

图案：单击“图案”按钮，并从弹出式面板中选取一种图案。单击“比例”按钮，并输入值或拖动滑块。单击“贴紧原点”按钮，使图案的原点与文档的原点相同。如果希望图案在图层移动时随图层一起移动，可以选择“与图层链接”。选中“与图层链接”后，当“图案填充”对话框打开时可以在图像中拖移以定位图案。

新建填充图层的方法很简单，这里介绍另两种建立填充图层的方法：

（1）执行“图层”控制面板中“创建新的填充或调整图层”图标下拉菜单中的“新纯色填充图层”“新渐变填充图层”或“新图案填充图层”命令即可新建纯色填充、渐变填充或图案填充层。

（2）执行“图层”菜单中“新填充图层”子菜单中的“新纯色填充图层”“新渐变填充图层”或“新图案填充图层”命令即可新建纯色填充、渐变填充或图案填充图层。运用渐变填充调整图层前后的效果，如图 4-20、图 4-21 所示。

图 4-20　渐变填充调整图层前

图 4-21　渐变填充调整图层后

4.5.2　使用调整图层

调整图层可以对颜色和色调进行调整，而不会永久地修改图像中的像素。颜色或色调更改位于调整图层内，该图层像一层透明膜一样，下层图像图层可以透过它显示出来。调整图层会影响它下面的所有图层。这意味着可以单个调整校正多个图层，而不是分别对每个图层进行调整。

调整图层可将颜色和色调调整应用于图像，但不会永久更改像素值。例如，可以创建“色阶”或“曲线”调整图层，而不是直接在图像上调整“色阶”或“曲线”。颜色和色调调整存储在调整图层中，并应用于它下面的所有图层。可以随时扔掉更改并恢复原始图像。

调整图层选择匹配“调整”面板中可用的命令。从“图层”面板中选择调整图层可显示“调整”面板中的相应命令设置控件。如果“调整”面板已关闭，可以通过双击“图层”面板中的调整图层缩览图来打开。调整图层具有以下优点：

编辑不会造成破坏。可以尝试不同的设置并随时重新编辑调整图层。也可以通过降低调整图层的不透明度来减弱调整的效果。

编辑具有选择性。在调整图层的图像蒙版上绘画可将调整应用于图像的一部分。稍后，通过重新编辑图层蒙版，可以控制调整图像的哪些部分。通过使用不同的灰度色调在蒙版上绘画，可以改变调整。能够将调整应用于多个图像。可以在图像之间拷贝和粘贴调整图层，以便应用相同的颜色和色调调整。

调整图层会增大图像的文件大小，尽管所增加的大小不会比其他图层多。如果要处理多个图层，可能希望通过将调整图层合并为像素内容图层来缩小文件大小。调整图层具有许多与其他图层相同的特性。可以调整它们的不透明度和混合模式，并可以将它们编组以便将调整应用于特定图层。可以启用和禁用它们的可见性，以便应用效果或预览效果。

（1）创建调整图层。单击图层调板底部的“新调整图层”按钮，并选取要创建的图层类型。或选取“图层—新调整图层”命令，并从子菜单中选取选项。然后命名图层，设置其他图层选项，并单击“好”按钮。

（2）调整图层的使用和修改。每个调整图层都带有一个图层蒙版，可以对图层蒙版进行编辑或修改，以符合编辑图像的要求。其操作方式和通道相似，只有黑或白两种颜色。在图层蒙版上黑色的地方可以看成是透明的，它不对下面的图像产生调整影响。而白色的地方反映的是对图像所做的调整，因此也可以用笔刷和橡皮对它进行修改。

调整图层的有色阶、曲线、色彩平衡、可选颜色、反相、色相与饱和度等，可选的项目比较多。色相与饱和度调整图层设置为“着色”状态，运用色相与饱和度进行调整前后的图像效果，如图 4-22、图 4-23 所示。

图 4-22　色相与饱和度进行调整前

图 4-23　色相与饱和度进行调整后

4.5.3　图层剪贴路径蒙版

图层剪贴路径蒙版（又叫“矢量蒙版”）可在图层上创建锐边形状，无论何时需要添加边缘清晰分明的设计元素，都可以使用矢量蒙版。在使用矢量蒙版创建图层之后，可以给该图层应用一个或多个图层样式，如果需要，还可以编辑这些图层样式。

1. 生成矢量蒙版

矢量蒙版可以用路径工具生成，也可以直接用矢量图形来做。在工具箱中选择矢量图形工具，在上边选项栏中选定路径方式，打开图形库，选择一个所需的图形，在图像中所需的位置拉出一个矢量图形路径。

2. 编辑矢量蒙版

矢量蒙版的编辑方法与路径的编辑方法是完全相同的。单击图层调板中的矢量蒙版缩览图或路径调板中的缩览图。在工具箱中选择相应的路径编辑工具，就可以在矢量蒙版路径上增加、删除、移动、转换各个节点。

3. 将矢量蒙版转换为图层蒙版

选择要转换的矢量蒙版所在的图层，并选取“图层—栅格化—矢量蒙版”菜单命令。

注意：一旦栅格化了矢量蒙版，就无法再将其改回矢量对象。

4. 移动与删除蒙版

在工具箱中选择移动工具，按住图像做移动，由于图像与蒙版是链接的，因此可以看到图像与蒙版的同步移动。

不需要时，矢量蒙版可以将其删除。用鼠标将矢量蒙版拖到图层面板下边的垃圾桶里，然后在弹出的窗口中单击“确定”按钮，矢量蒙版即被删除，恢复到没有蒙版之前的状态。

图层边缘修饰

非破坏性编辑

4.5.4 智能对象

1. 智能对象的功能

智能对象是包含栅格或矢量图像（如 Photoshop 或 Illustrator 文件）中的图像数据的图层。智能对象将保留图像的源内容及其所有原始特性，从而能够对图层执行非破坏性编辑。

可以用以下四种方法创建智能对象：使用“打开为智能对象”命令；置入文件；从 Illustrator 粘贴数据；将一个或多个 Photoshop 图层转换为智能对象。

可以利用智能对象执行以下操作：

（1）执行非破坏性变换。可以对图层进行缩放、旋转、斜切、扭曲、透视变换或使图层变形，而不会丢失原始图像数据或降低品质，因为变换不会影响原始数据。

（2）处理矢量数据（如 Illustrator 中的矢量图片），若不使用智能对象，这些数据在 Photoshop 中将被栅格化。

（3）非破坏性应用滤镜。可以随时编辑应用于智能对象的滤镜。

（4）编辑一个智能对象并自动更新其所有的链接实例。

（5）应用与智能对象图层链接或未链接的图层蒙版。

无法对智能对象图层直接执行会改变像素数据的操作（如绘画、减淡、加深或仿

制），除非先将该图层转换成常规图层（将进行栅格化）。要执行会改变像素数据的操作，可以编辑智能对象的内容，在智能对象图层的上方仿制一个新图层，编辑智能对象的副本或创建新图层。当变换已应用智能滤镜的智能对象时，Photoshop 会在执行变换时关闭滤镜效果。变换完成后，将重新应用滤镜效果。

2. 智能对象的创建

智能对象的创建方法比较灵活，用户可以执行下列任一操作：

（1）选择“文件”菜单中的“打开为智能对象”，选择文件，然后单击“打开”按钮。

（2）选择“文件”菜单中的“置入”，以将文件作为智能对象导入到打开的 Photoshop 文档中。

尽管可以置入 JPEG 文件，但最好是置入 PSD、TIFF 或 PSB 文件，因为可以添加图层、修改像素并重新存储文件，而不会造成任何损失。要存储修改的 JPEG 文件，需要拼合新图层并重新压缩图像，从而导致图像品质降低。

（3）选择“图层”菜单中的“智能对象—转换为智能对象”以将选定图层转换为智能对象。

（4）在 Bridge 中，选择“文件”菜单中的“置入—在 Photoshop 中”选项，以将文件作为智能对象导入到打开的 Photoshop 文档中。

处理相机原始数据文件的一种简单方法是将其作为智能对象打开。可以随时双击包含原始数据文件的智能对象图层以调整 Camera Raw 设置。

（5）选择一个或多个图层，然后选择“图层”菜单中的“智能对象—转换为智能对象”。这些图层将被绑定到一个智能对象中。

（6）将 PDF 或 Illustrator 图层或对象拖动到 Photoshop 文档中。

（7）将 Illustrator 中的图片粘贴到 Photoshop 文档中，然后在“粘贴”对话框中选择“智能对象”。要获取最大的灵活性，请在 Illustrator 的“首选项”对话框的“文件处理和剪贴板”部分中启用“PDF”和“AICB（不支持透明度）”。

3. 智能对象的复制

要复制智能对象，在“图层”面板中，选择智能对象图层，然后执行下列操作之一：

（1）要创建链接到原始智能对象的重复智能对象，请选择“图层—新建—通过拷贝的图层”，或将智能对象图层拖动到“图层”面板底部的“创建新图层”图标。对原始智能对象所做的编辑会影响副本，而对副本所做的编辑同样也会影响原始智能对象。

（2）要创建未链接到原始智能对象的重复智能对象，请选择“图层—智能对象—通过拷贝新建智能对象”。对原始智能对象所做的编辑不会影响副本。一个名称与原始智能对象相同并带有“副本”后缀的新智能对象将出现在“图层”面板上。

4. 编辑智能对象的内容

当编辑智能对象时，源内容将在 Photoshop（如果内容为栅格数据或相机原始数据文件）或 Illustrator（如果内容为矢量 PDF）中打开。当存储对源内容所做的更改时，Photoshop 文档中所有链接的智能对象实例中都会显示所做的编辑。

（1）从“图层”面板中选择智能对象，然后执行下列操作之一：

① 选择“图层—智能对象—编辑内容”。

② 双击“图层”面板中的智能对象缩览图。

（2）单击“确定”按钮，关闭该对话框。

（3）对源内容文件进行编辑，然后选择“文件—存储”。Photoshop 会更新智能对象以反映所做的更改（如果看不到所做的更改，请激活包含智能对象的 Photoshop 文档）。

5. 替换智能对象的内容

可以替换一个智能对象或多个链接实例中的图像数据。此功能能够快速更新可视设计，或将分辨率较低的占位符图像替换为最终版本。

注意：当替换智能对象时，将保留对第一个智能对象应用的任何缩放、变形或效果。

（1）选择智能对象，然后选择“图层—智能对象—替换内容”。

（2）导航到要使用的文件，然后单击“置入”按钮。

（3）单击“确定”按钮。

新内容即会置入到智能对象中。链接的智能对象也会被更新。

图层复合

4.6 文字图层

4.6.1 文字工具及文字属性

Photoshop 中的文字由基于矢量的文字轮廓形状（即以数学方式定义的形状）组成，

这些形状描述字样的字母、数字和符号。许多字样可用于一种以上的格式，最常用的格式有 Type 1（又称 PostScript 字体）、TrueType、OpenType、New CID 和 CID 无保护（仅限于日语）。Photoshop 保留基于矢量的文字轮廓，并在缩放文字、调整文字大小、存储 PDF 或 EPS 文件或将图像打印到 PostScript 打印机时使用它们。因此，将可能生成带有与分辨率无关的犀利边缘的文字。

1. 点文本

点文本是一个水平或垂直文本行，它从在图像中单击的位置开始。要向图像中添加少量文字，在某个点输入文本是一种有用的方式。当输入点文字时，每行文字都是独立的，行的长度随着编辑增加或缩短，但不会换行。输入的文字即出现在新的文字图层中。点文本的创建由文本工具实现。

文本工具是最常用的文字工具，用于向图像中添加横向文本，输入文本后图像将自动地创建一个新的文本图层，将输入的文本放置于新图层中并且处于浮选状态。因为文字处于一个新图层中，这为以后进行文字的编辑提供了条件。下面介绍文本工具的使用。在工具箱中选择文本工具，用户可以在工具选项栏中设置各项文字参数，也可以在字符面板中设置文字的各项属性参数，这两种设置的功能是一样的，其中字符面板如图 4-24 所示。字符面板中可以设置文本的字体系列、字体大小、字体颜色、垂直缩放、比例间距、字距调整、基线偏移、语言、字型、行距、水平缩放、字距微调等文本参数。

2. 段落文本

段落文本使用以水平或垂直方式控制字符流的边界。当想要创建一个或多个段落（比如为宣传手册创建）时，采用这种方式输入文本十分有用。

段落是末尾带有回车的任何范围的文字。使用段落面板设置应用于整个段落的选项，例如对齐、缩进和文字行间距等。对于点文字，每行是一个单独的段落。对于段落文字，一段可能有多行，具体视定界框的尺寸而定。

输入段落文字时，文字基于外框的尺寸换行。可以输入多个段落并选择段落调整选项；可以调整外框的大小，这将使文字在调整后的矩形内重新排列；可以在输入文字时或创建文字图层后调整外框；可以使用外框来旋转、缩放和斜切文字。选择要进行编辑的段落文字，进行段落格式设置可以有以下三种操作方式：

（1）选择文字工具并在段落中单击，设置单个段落的格式。

（2）选择文字工具并选择包含多个段落的选区，设置多个段落的格式。

（3）选择图层面板中的文字图层，设置该图层中的所有段落的格式。

可以将文字与段落的一端对齐（对于水平文字是左对齐、水平居中或右对齐，对于直排文字是上对齐、垂直居中或下对齐）或将文字与段落两端对齐。对齐选项适用于点文字和段落文字；对齐段落选项仅适用于段落文字。

利用 Photoshop 可以制作出很神奇的文字特效。文本工具就是制作文字特效的基础。它用于在图像中输入、编辑文字，是一个很有用的工具，Photoshop 中的文字工具有四种，分别是：“横排文字工具”“横排文字蒙版工具”“竖排文字工具”和“竖排文字蒙版工具”。实际上主要分为两大类，即点文本和段落文本。

3. 横排文字工具

该工具是最常用的文字工具，用于向图像中添加横向文本，输入文本后图像将自动地创建一个新的文本图层，将输入的文本放置于新图层中并且处于浮选状态。因为文字处于一个新图层中，这为以后进行文字的编辑提供了条件。下面介绍文本工具的使用。在工具箱中选择文本工具，用户可以在工具选项栏中设置各项文字参数，也可以字符面板中设置文字的各项属性参数，这两种设置的功能是一样的，其中字符面板如图 4-24 所示。字符面板中各参数含义如下：

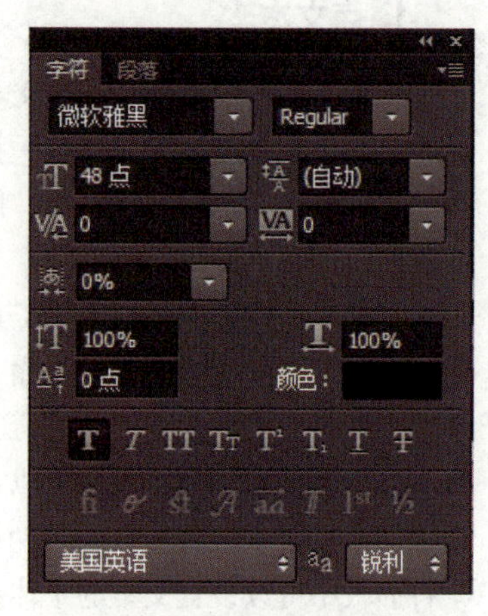

图 4-24　字符面板

字体：此选项用于设置文本的字体，每个机器上安装的字体不一样，从下拉列表中可以选择系统已安装的字体。在选框的下面有三个复选框，这三个复选框分别可以设置下划线、粗体和斜体。

大小：此选项用于设置字体的大小，值越大则字体也就越大。

颜色：此选项用于设置字体的颜色，单击颜色方块，可以打开“拾色器”对话框。

行距：该选项用于设定行与行之间的距离，一般用户可以不设置此项，系统会自动调节行距。

字距：该选项用于设定字与字之间的距离，对于已经输入的文字，该选项每次只能调整光标左右两字之间的距离。

追加：该选项用于设定字距，当选中多个字符时，它就可以控制选中的几个已输入的文字。

基线：该选项用于设定文本当前行的垂直距离，正值时，文本上升；负值时，文本下降。

消锯齿：该选项用于在列表框中选择消锯齿的效果，消锯齿共有四种，分别为“无”“微皱”“强”和“平滑”。

细微宽度：该选项可使文字的宽度发生细微的变化。

预览：选择该选项可使输入的文本预览显示。

适应窗口：选中此选项会使“文本工具”对话框中的文本以最合适的比例显示。

4.6.2　文字图层的编辑

创建文字图层后，可以编辑文字并对其应用图层命令；可以更改文字取向、应用消除锯齿、在点文本与段落文本之间转换、基于文字创建工作路径或将文字转换为形状等；可以像处理正常图层那样移动、重新叠放、拷贝和更改文字图层的图层选项；也可以对文字图层做以下编辑：

1. 在文字图层中编辑文本

（1）选择文字工具“T”。

（2）在“图层”面板中选择文字图层，或者单击文本项自动选择文字图层。

（3）在文本中置入插入点，然后执行下列操作之一：单击以设置插入点；选择要编辑的一个或多个字符。

（4）输入需要的文本内容。

（5）确认对文字图层的更改。

2. 栅格化文字图层

栅格化文字图层的作用是将文字图层转换为正常图层，可以先在图层面板中选择文字图层。然后选择“图层—栅格化—文字”命令来实现。

3. 更改文字图层的取向

文字图层的取向决定了文字行相对于文档窗口（对于点文本）或定界框（对于段落文本）的方向。当文字图层垂直时，文字行上下排列；当文字图层水平时，文字行左右排列。不要把文字图层的取向与文字行中字符的方向混淆，可以先在图层面板中选择文字图层，再执行“图层—文字—水平”，或“图层—文字—垂直”来实现。

4.6.3　段落文本及属性

段落是末尾带有回车的任何范围的文字。可以使用段落面板设置应用于整个段落的选项，例如对齐、缩进和文字行间距等。对于点文字，每行是一个单独的段落。对于段落文字，一段可能有多行，具体视定界框的尺寸而定。段落面板如图 4-25 所示。

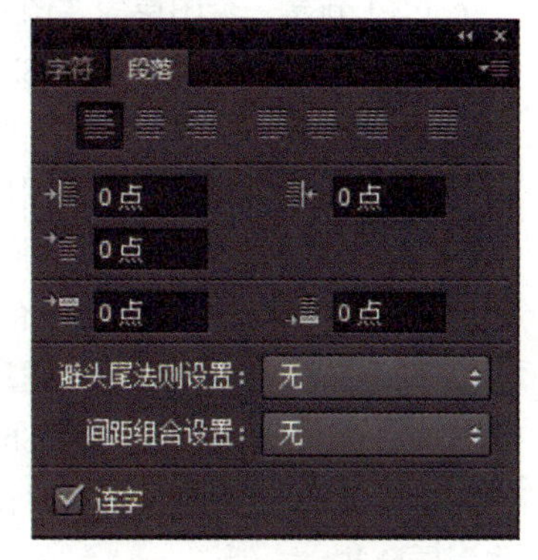

图 4-25　段落面板

选择要进行编辑的段落文字，设置段落格式有以下三种操作方式：

（1）选择文字工具并在段落中单击，设置单个段落的格式。

（2）选择文字工具并选择包含多个段落的选区，设置多个段落的格式。

（3）选择图层面板中的文字图层，设置该图层中的所有段落的格式。

可以将文字与段落的一端对齐（对于水平文字是左对齐、水平居中或右对齐，对于直排文字是上对齐、垂直居中或下对齐）或将文字与段落两端对齐。对齐选项适用于点文本和段落文本；对齐段落选项仅适用于段落文本。

应用图层的图案效果设计

（1）新建立一个文件，大小为 15×15 厘米，72 英寸 / 像素，RGB 色彩模式，背景色为白色。

（2）以标尺为参照，用移动工具在文件的中间设置横竖两条辅助参考线；新建一个图层，选择“自定形状工具”，在工具选项栏中设置为“填充像素”选项，在“形状”选项中选择“花形饰件 2”，同时按住 Alt 键和 Shift 键，以中心为基准，画出一个造型，如图 4-26 所示。

（3）新建一个图层为“图层 2”，还是选择“自定形状工具”，在“形状”选项中选择“饰件 7”的造型，按住 Shift 键，在图 4-27 所示的位置绘制形状，同时用画笔工具绘制一个圆点，结果如图 4-27 所示。

（4）在图层面板，把“图层 2”拖到面板底部的“新建图层”按钮上，复制出三个图层副本，对三个图层副本分别进行旋转编辑，转动中心为两条辅助参考线的交点，结果如图 4-28 所示。把“图层 2”的三个副本与“图层 2”合并。

（5）新建一个图层为“图层 3”，选择“自定形状工具”，在“形状”选项中选择“花形饰件 1”的造型，按住 Shift 键，在图 4-29 所示的位置绘制形状；与上一步一样复制三个图层副本，并对造型进行转动编辑，结果如图 4-29 所示。把“图层 3”与三个副本图层合并。

图 4-26 绘制花形图

图 4-27 造型绘制

图 4-28 转动编辑

图 4-29 绘制花形饰件

（6）新建一个图层为“图层 4”，选择“自定形状工具”，在“形状”选项中分别选择“花 2”和“花 3”两个造型，按住 Shift 键，在图 4-30 所示的位置绘制形状把“花 2”与“花 3”连接，可用 Ctrl+T 进行编辑；同时绘制一个小圆点和 1 个像素的细线。接下来与上一步一样复制 11 个图层副本，并对造型进行转动编辑，结果如图 4-30 所示。把“图层 4”与 11 个副本图层合并。

图 4-30 “花”造型绘制与编辑

（7）新建一个图层为“图层 5”，运用椭圆选择工具，以辅助参考线的交点为中心，同时按住 Alt 和 Shift 键，在如图 4-31 所示的位置分别绘制三个同心圆，并分别用 1 个像素的黑色居外描边，结果如图 4-31 所示。

（8）新建一个图层为“图层 6”，选择“自定形状工具”，在“形状”选项中选择“饰件 5”的造型，按住 Shift 键，在图 4-32 所示的位置绘制一个形状；同上面一样复制三个图层副本，并对造型进行转动编辑。把“图层 6”与三个副本图层合并。最后在最外面绘制一个同心正方形，最后效果如图 4-32 所示。

图 4-31　绘制同心圆

图 4-32　最后效果

4.8 图层样式的视觉效果设计

（1）新建一个文件，尺寸设置为宽度 24 厘米，高度 16 厘米，文件名命名为“LOGO 设计”，分辨率为 72 像素 / 英寸，色彩模式为 RGB，背景色为白色。

（2）执行“编辑—首选项—单位与标尺”命令，设置标尺单位为“厘米”，如图 4-33 所示，并执行“视图—显示标尺”命令，使标尺显示。

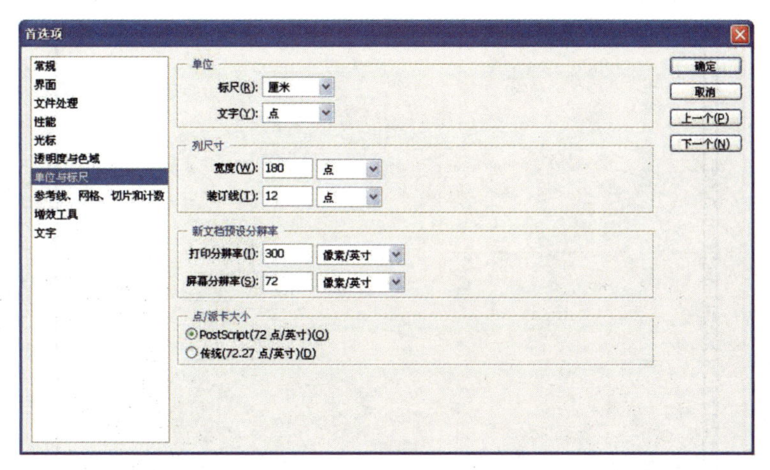

图 4-33　设置单位与标尺

（3）执行“编辑—首选项—参考线、网格、切片和计数”命令，设置参考线颜色为“浅红色”，网格的颜色为“#FACACA”，网格线间隔设置为 10 毫米，如图 4-34 所示。

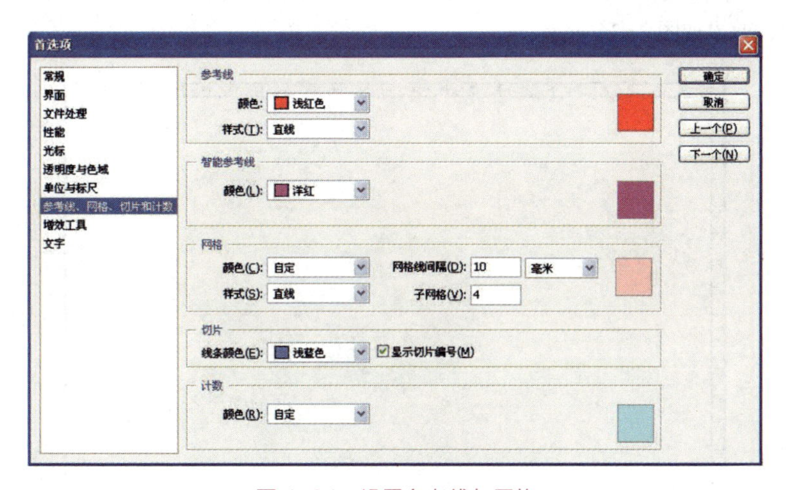

图 4-34　设置参考线与网格

（4）运用“移动工具”分别从文件两边的标尺中拖出纵向和横向参考线，并执行“视图—显示—参考线”和“视图—显示—网格”命令，如图 4-35 所示。

（5）在图层面板底部的“创建新图层”按钮上单击，创建一个新图层。运用“椭圆选框工具”，羽化值为 0，按住 Alt 键，以参考线的中心为圆心，同时按住 Shift 键制作圆形选区。圆形选区的半径为 3 个网格。

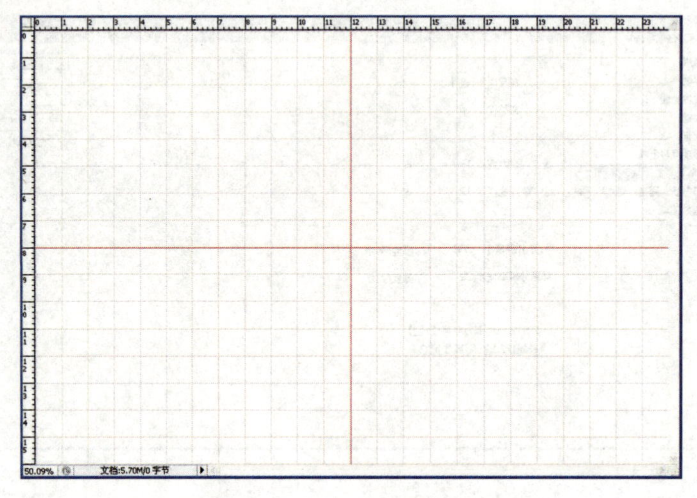

图 4-35 显示参考线与网格

（6）在工具箱中选取渐变工具，渐变预设为“前景色到背景色”，前景色为“#eaf3f0”，背景色为“#8a939a”，渐变类型为“径向渐变”，在圆形选区偏上部分开始做渐变，效果如图 4-36 所示。

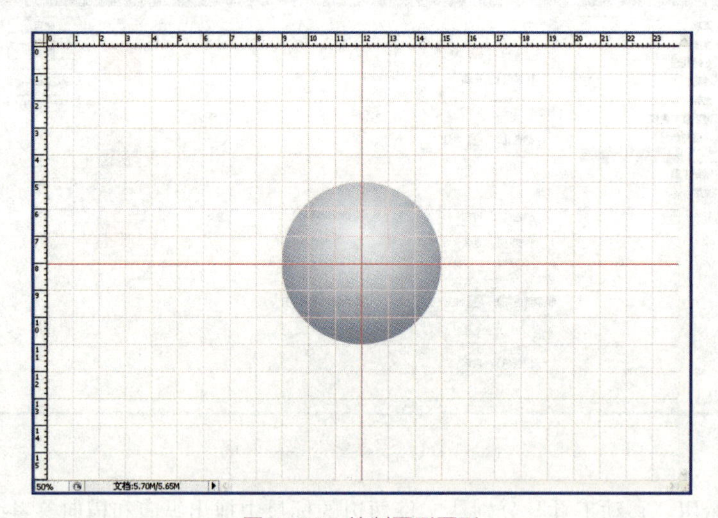

图 4-36 绘制圆形图形

（7）选择工具箱中的文本工具，输入文本“e”，设置字体大小为 260 点，字体为“gothic725 BD BT ”（也可以用别的字体替代），字体颜色为“#990000”，中心与圆对齐，如图 4-37 所示。

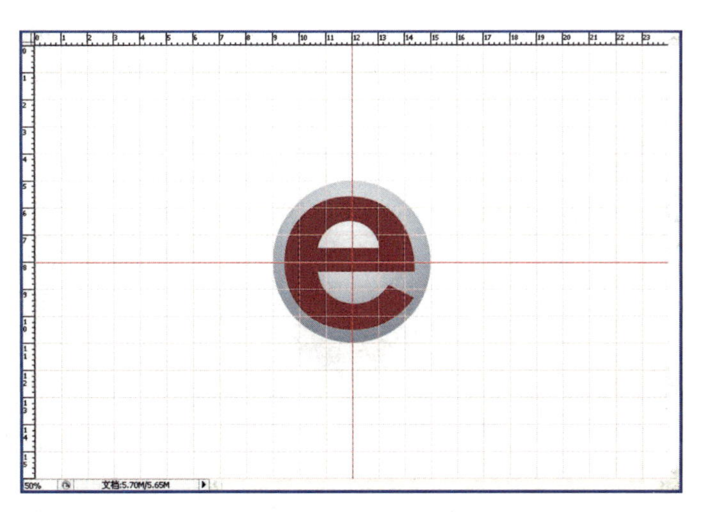

图 4-37 创建文字

（8）在图层面板底部的“创建新图层”按钮上单击，创建一个新图层，运用“椭圆选框工具”，在工具属性面板中设置羽化值为 0，勾选“消除锯齿”选项，模式为正常，以两条参考线为中心，相对精确地绘制椭圆形选区，如图 4-38 所示。

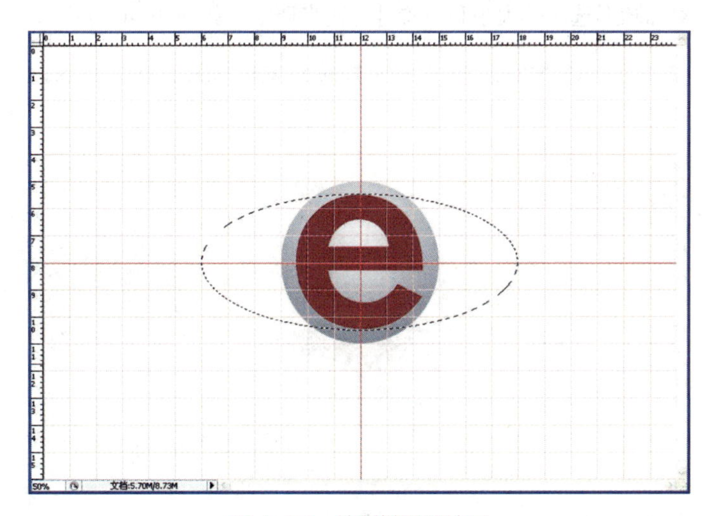

图 4-38 绘制椭圆形选区

（9）设置前景色为“#cccccc”，在新建的图层“图层 2”中，执行“Alt+Delete”命令，用前景色对椭圆形选区进行填充。在图层面板把“图层 2”的位置移到“图层 1”下面。

（10）执行“Ctrl+D”命令，取消椭圆形选区，选择工具箱中的“移动工具”，适当向下移动椭圆形填充区域，如图 4-39 所示。

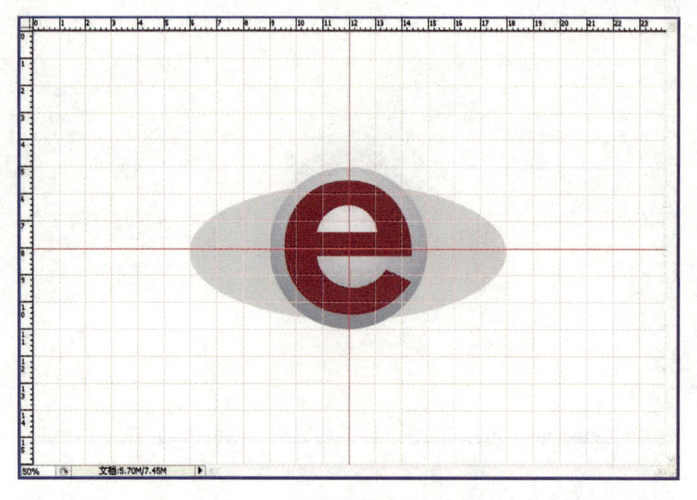

图 4-39　编辑椭圆形填充区域

（11）运用“椭圆选框工具”，在工具属性面板中设置羽化值为 0，勾选“消除锯齿”选项，模式为正常，建立一个与上面的椭圆形类似的椭圆形选区；执行“选择—变换选区”命令，对椭圆形选区的大小和位置进行适当调整，如图 4-40 所示。

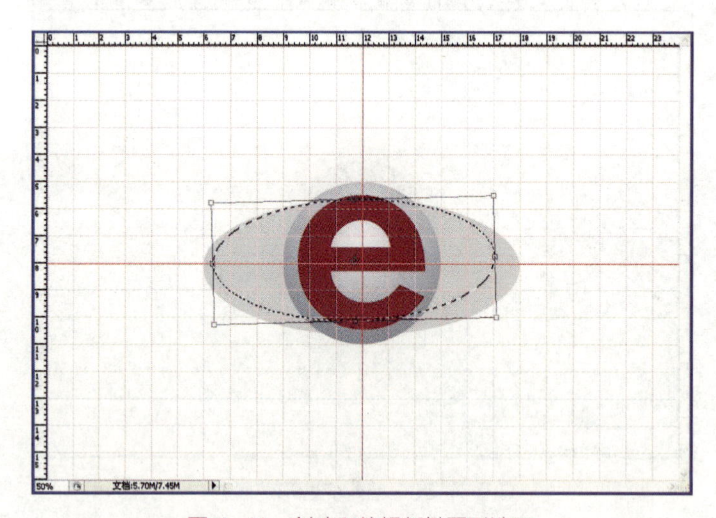

图 4-40　创建和编辑新椭圆形选区

（12）按 Enter 键确定选区的变换操作，确定当前图层为“图层 2”，执行 Delete 命令删除部分填充区域，效果如图 4-41 所示。

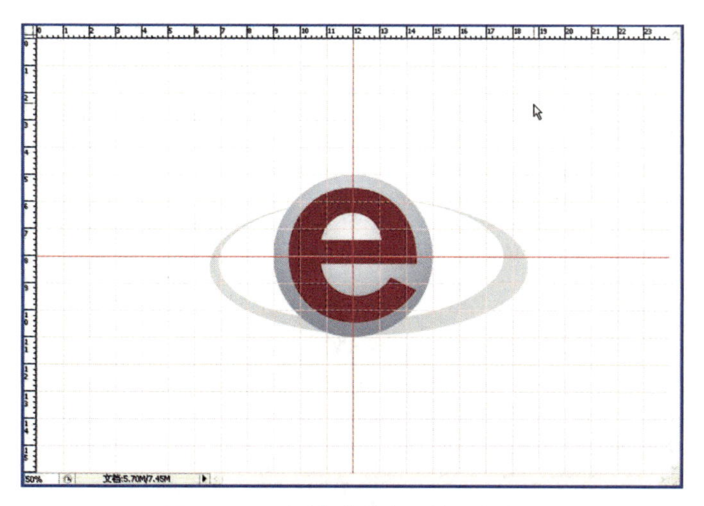

图 4-41　删除部分填充区域后的效果

（13）选择“橡皮擦工具”，设置笔刷形状为圆形，笔刷硬度为 100%，直径为 100 像素，不透明度为 100%。对“图层 2”中的图形进行部分擦除，效果如图 4-42 所示。

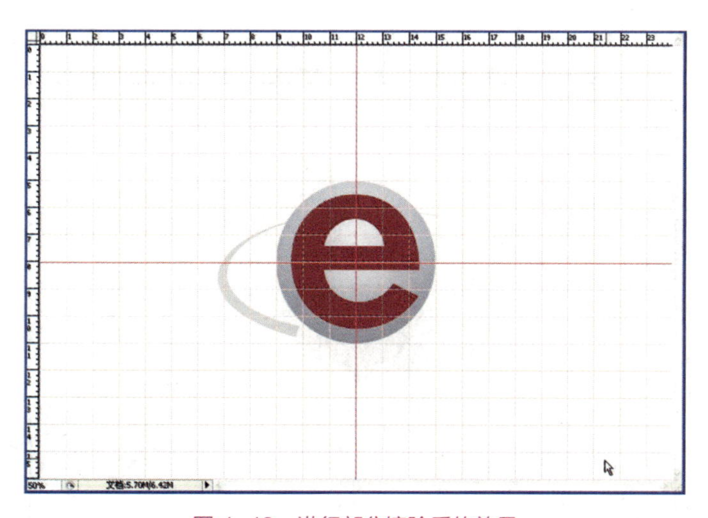

图 4-42　进行部分擦除后的效果

（14）把“图层 2”拖到图层面板底部的“创建新图层”上，复制“图层 2”，设置“图层 2 副本”的位置在“图层 2”的下面。

（15）设置前景色为“#999999”，按住 Ctrl 键，在“图层 2 副本”的图层缩览图上单击选择“图层 2 副本”上的图像，并用前景色进行填充，取消选区。

（16）运用“橡皮擦工具”对“图层 2 副本”中的图像进行编辑，效果如图 4-43 所示。

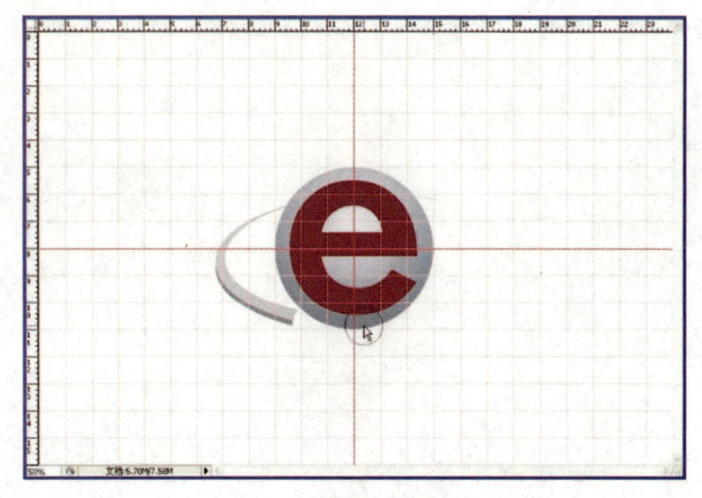

图 4-43　编辑曲线形状

（17）运用“画笔工具”，设置笔刷形状为圆形，直径为 60 像素，笔刷硬度为 100%。在“图层 1”的上方新建一个图层，为“图层 3”，运用“画笔工具”绘制一个圆，如图 4-44 所示。

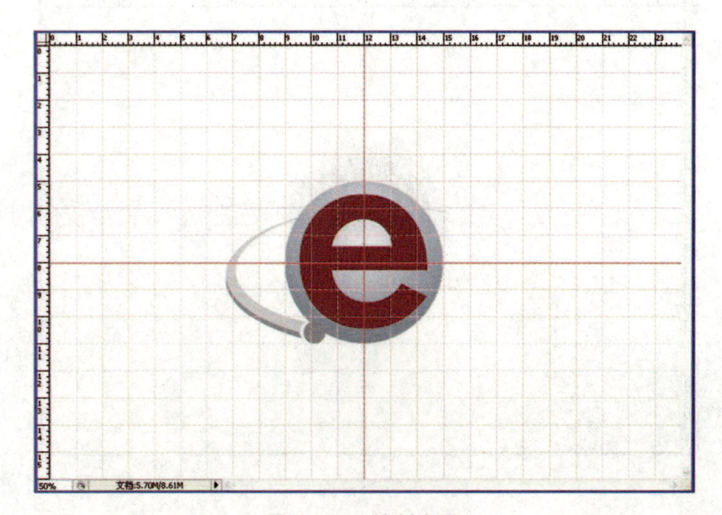

图 4-44　绘制小圆

（18）选择工具箱中的文本工具，输入如图 4-45 所示的中文名称，字体为“幼圆体”，大小为 14 点，加粗，颜色为黑色，字间距为 100，其他选项保持默认设置；输入如图 4-45 所示的英文名称，字体为“ARRUS BT”（也可以为别的字体），类型为“ROMAN”，大小为 8 点，字间距为“-50”，颜色为黑色，其他选项保持默认设置。

（19）运用移动工具调整文本的位置，如图 4-45 所示。

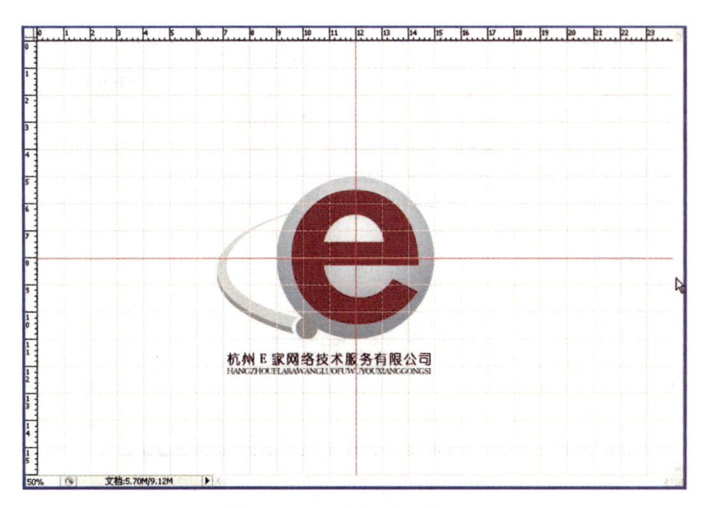

图 4-45 建立和调整文本

（20）执行“视图—显示”菜单命令，取消显示网格和参考线。

（21）选中图层面板，选择“e”文字图层，在样式面板中选择“红色胶体”样式；选择大圆所在的图层“图层 1”，在样式面板中选择“选中状态的绿色胶体按钮”样式。设置图层样式的效果如图 4-46 所示。

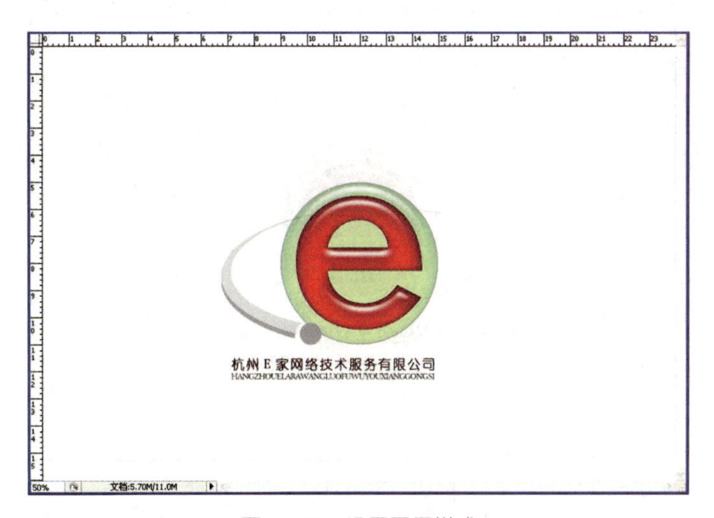

图 4-46 设置图层样式

（22）选择小球所在的图层“图层 3”，在样式面板中选择“蓝色凝胶”样式，双击图层面板中的“图层 3”，打开图层样式设置面板，设置“内阴影”中的混合色彩为“#0000ff”，其他图层参数设置如图 4-47 所示。

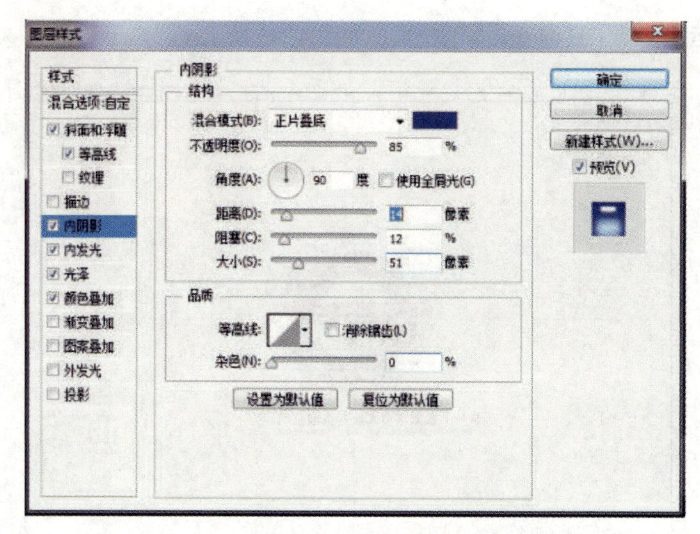

图 4-47　其他图层参数设置

（23）选择弧线所在的图层“图层 2”，给弧线添加图层样式，设置“光泽”与“渐变叠加”两个选项，并调整色彩和相关参数，其中光泽色彩为“#00ff66”，“渐变叠加”中设置渐变色为从“#0000ff”到白色线性渐变。调整文字颜色均为黑色，最后效果如图 4-48 所示。

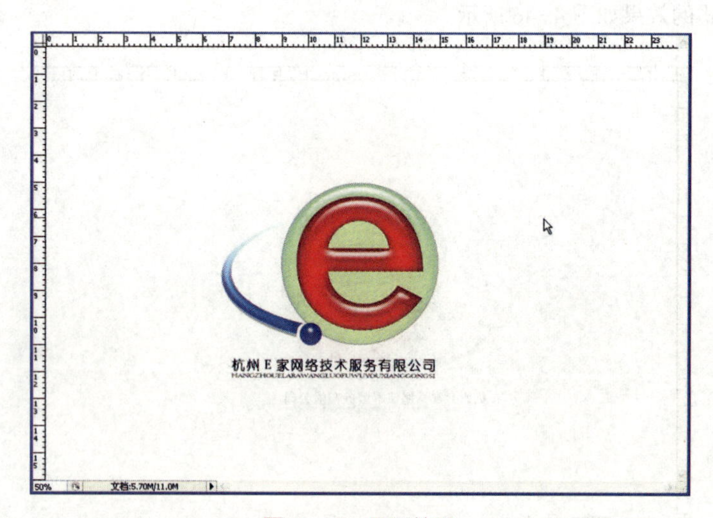

图 4-48　最后效果

第5章 路径与形状的应用

路径及其应用方法

路径的概念

5.1.1 路径的基本知识

路径绘制工具

绘制路径的工具主要包括三个部分：钢笔工具组、路径选择工具组和路径面板。

（1）钢笔工具组。要创建路径，就要用到工具箱中的钢笔工具组，其中包含五个工具，如图 5-1 所示。各工具的功能如下：

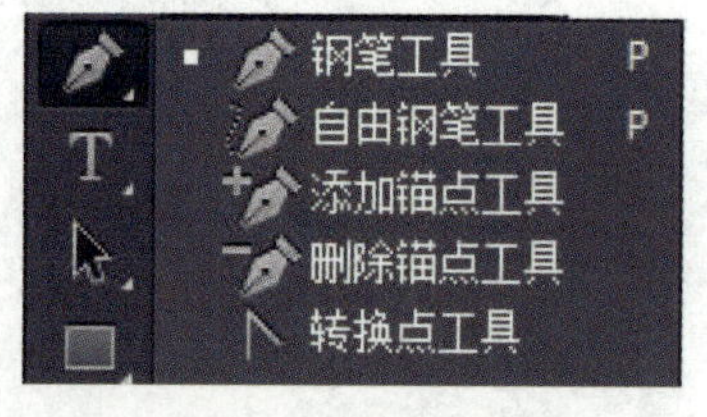

图 5-1 钢笔工具组

钢笔工具：可以绘制由多个点连接而成的线段或曲线。

自由钢笔工具：自由钢笔可用于随意绘图，就像用铅笔在纸上绘图一样。在绘图时，将自动添加锚点。无须确定锚点的位置，完成路径后可进一步对其进行调整。

添加锚点工具：可以在现有的路径上增加一个锚点。

删除锚点工具：可以在现有的路径上删除一个锚点。

转换点工具：可以在平滑曲线的转折点和直线转折点之间进行转换。

（2）路径选择工具组。创建路径后，对路径进行编辑就要用到路径选择工具组。路径选择工具组包括两部分：路径选择工具和直接选择工具，如图 5-2 所示。各工具的功能如下：

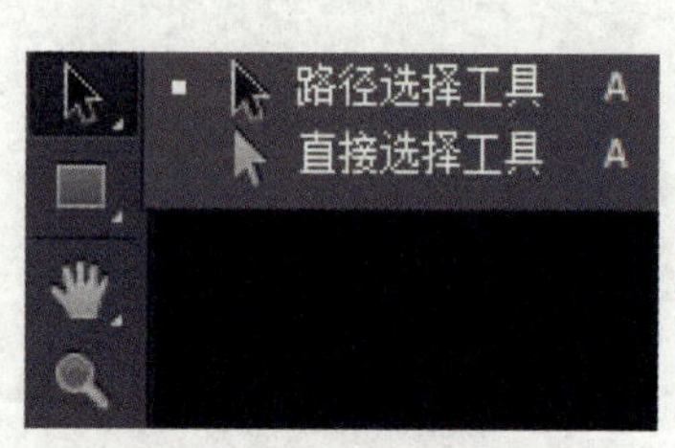

图 5-2 路径选择工具组

路径选择工具：用于选择整个路径及移动路径。

直接选择工具：用于选择路径锚点和改变路径形状。

（3）**路径面板**。选择“窗口—路径命令，可打开路径面板。在创建了路径以后，该面板才会显示路径的相关信息，如图 5-3 所示。

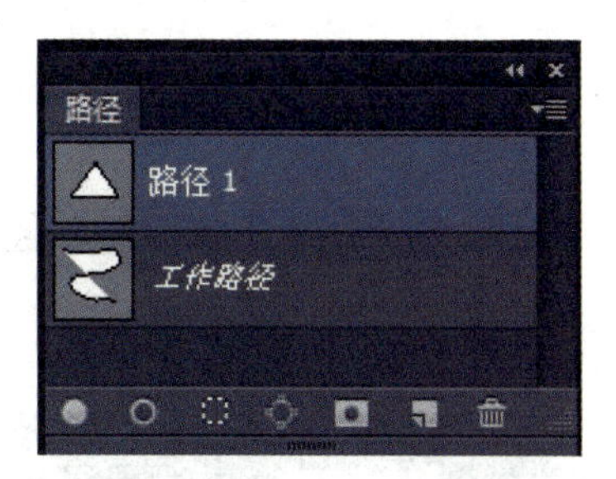

图 5-3　路径面板

路径面板中包含如下路径信息。

路径名称：用于设置路径名称。若在存储路径时，不输入新路径的名称，则 Photoshop 会自动依次命名为路径 1、路径 2、路径 3，依此类推。

路径缩览图：用于显示当前路径的内容，它可以迅速的辨识每一条路径的形状。单击路径面板右上方的小三角，选择其中的“面板选项”命令，即可打开“路径面板选项”，从中选择缩览图的大小，如图 5-4 所示。

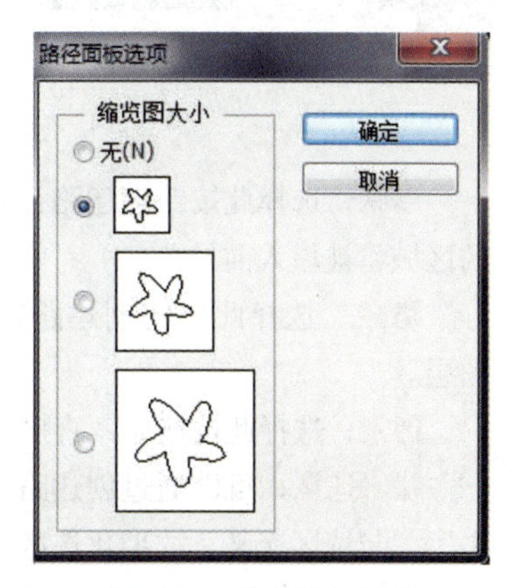

图 5-4　路径面板选项

路径面板菜单：单击路径面板右上角的小三角按钮可以打开一个菜单，从中可选择编辑路径的命令，如图 5-5 所示。

删除当前路径：在路径面板中选择某个路径后，单击该按钮可将其删除。

创建新路径：单击此按钮可以创建一个新路径。

添加矢量蒙版：可以为当前路径添加一个图层矢量蒙版。

从选区生成工作路径：可将当前选取范围转换为工作路径，该按钮只有在图像中选取了一个范围后才能使用。

将路径作为选区载入：可以将当前工作路径转换为选取范围。

用画笔描边路径：可以按设置的绘图工具和前景色沿着路径进行描边。

用前景色填充路径：用前景色填充被路径包围的区域。

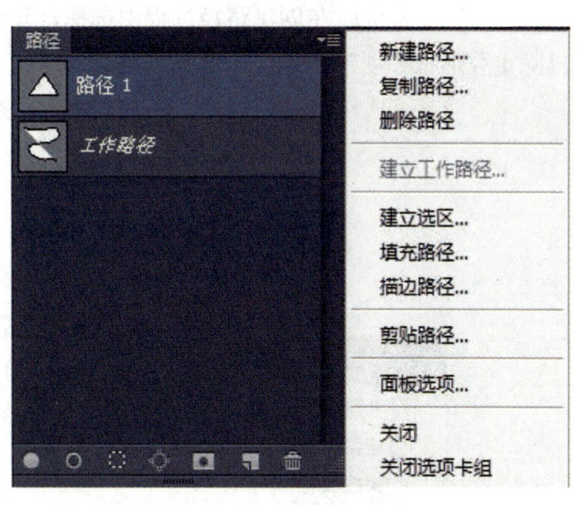

图 5-5　路径面板菜单

5.1.2 路径的绘制技巧

1. 使用钢笔工具绘制路径

选择钢笔工具绘制路径时，在工具栏上将显示有关钢笔工具的选项，如图 5-6 所示。

图 5-6 钢笔工具选项

形状：选择此按钮创建路径时，会在绘制路径的同时，建立一个形状图层，即路径内的区域将被填入前景色。

路径：选择此按钮创建路径时，只能绘制出工作路径，而不会同时创建一个形状图层。

像素：选择此按钮时，直接在路径内的区域填入前景色。

建立选区：可以通过创建路径建立选区，有"新选区""添加到选区""从选区中减去""与选区交叉""羽化选区"五种创建、编辑选区的方法。

建立蒙版：可以通过创建路径来建立图层矢量蒙版。

建立形状：可以通过创建路径来建立形状路径。

路径操作：可以在创建路径过程中选择合并形状、减去顶层形状、与形状区域相交、排除重叠形状等创建形式，如图 5-7 所示。

路径对齐方式：可以在创建路径过程中，对路径进行对齐操作，如图 5-8 所示。

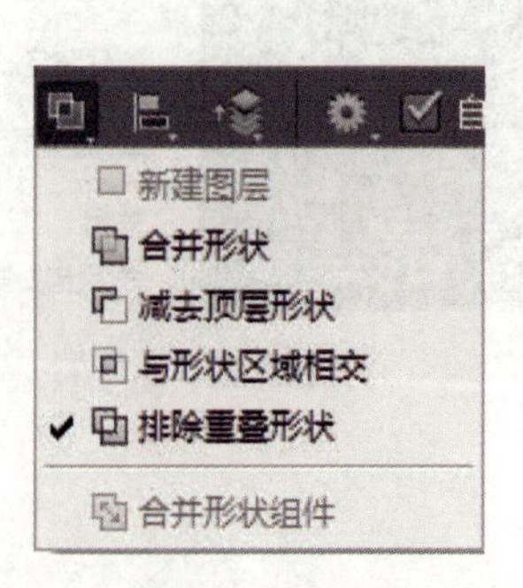

图 5-7 路径操作

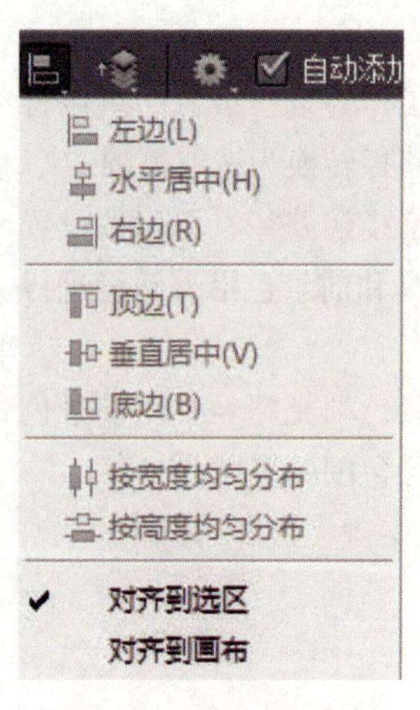

图 5-8 路径对齐方式

路径排列方式：可以在创建路径过程中，对路径的位置进行排列，如图 5-9 所示。

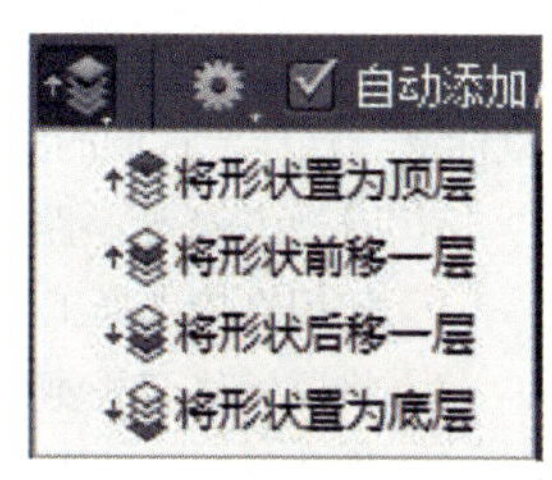

图 5-9　路径排列方式

自动添加/删除：移动钢笔工具鼠标指针到已有路径上单击，可以添加一个锚点，而移动钢笔工具鼠标指针到路径的锚点上单击则可删除锚点。反之，若不选中此复选框，则移动钢笔工具鼠标指针到路径上不能实现添加 / 删除锚点的功能。

2. 使用自由钢笔工具建立路径

自由钢笔工具不是通过建立锚点来建立路径的，而是可用于随意绘图，就像用铅笔在纸上绘图一样。在绘图时，将自动添加锚点。无须确定锚点的位置，完成路径后可进一步对其进行调整。选择自由钢笔工具绘制路径时，在工具栏上将显示有关自由钢笔工具的选项，如图 5-10 所示。

图 5-10　自由钢笔工具选项

在自由钢笔工具选项中除了可以设置前面介绍的钢笔工具选项外，还可以选择“磁性的”复选框。选择它可以激活磁性钢笔工具，此时表明自由钢笔工具具有磁性。它可以绘制与图像中定义区域的边缘对齐的路径。磁性钢笔工具的使用方法类似于磁性套索工具。

5.1.3　路径的编辑

1. 路径的编辑

（1）在编辑路径之前要先选中路径或锚点。选择路径可以使用以下方法：

❶ 使用路径选择工具选择路径。只需移动鼠标指针在路径之内的任何区域单击即可，此时将选择整个路径，被选中的路径以实心点的方式显示各个锚点，拖动鼠标可移动整个路径。

❷ 使用直接选择工具选择路径。必须移动鼠标在路径线上单击，才可选中路径。被选中的路径以空心点的方式显示各个锚点，在选中某个锚点后，可拖动鼠标移动该锚点。

❸ 直接选中路径选择工具，移动鼠标指针在图像窗口中拖出一个选择框，然后释放鼠标键，这样要选取的路径就会被选中。

（2）如果要调整路径中的某一锚点，可以按如下方法进行：

❶ 使用直接选择工具单击路径线上的任一位置，选中当前路径。

❷ 将鼠标移至需要移动的锚点上单击，该锚点在被选中之后会变成实心点。

❸ 拖动鼠标，即可改变路径形状。

在移动路径的操作中，不论使用的是路径选择工具还是直接选择工具，只要同时按住 Shift 键就可以在水平、垂直或者 45 度方向上移动路径。

使用钢笔工具主要是为了创建曲线，绘制时在曲线改变方向的位置添加一个锚点，然后拖动构成曲线形状的方向线。方向线的长度和斜度决定了曲线的形状。绘制不规则形状对象时，原则是应使用尽可能少的锚点拖动曲线，这样更容易编辑曲线并且系统可更快速地显示和打印它们。使用过多锚点还会在曲线中造成不必要的凸起。若要急剧改变曲线的方向，可以按住 Alt 键并沿曲线方向拖动方向点，绘制“S”形曲线的操作如图 5-11 所示。

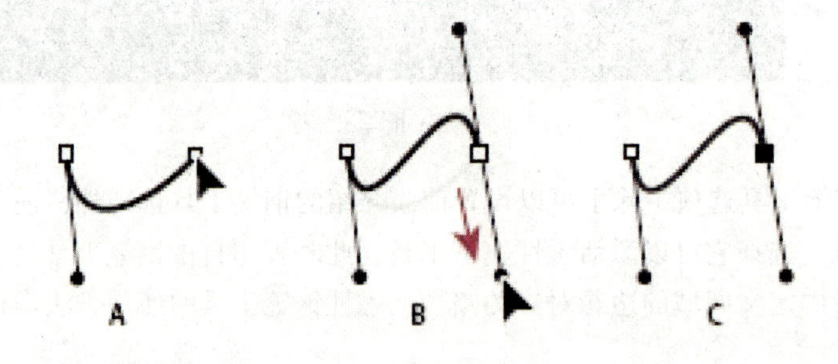

图 5-11　绘制“S”形曲线

如果要在绘制好的路径上添加或删除锚点，可以使用工具箱中用于添加或删除锚点的三种工具：钢笔工具、添加锚点工具和删除锚点工具。

添加锚点可以增强对路径的控制，也可以扩展开放路径。但最好不要添加多余的点。点数较少的路径更易于编辑、显示和打印。可以通过删除不必要的点来降低路径的复杂性。默认情况下，当将钢笔工具定位到所选路径上方时，它会变成添加锚点工具；当将钢笔工具定位到锚点上方时，它会变成删除锚点工具。

另外，在直线和曲线之间进行转换或者说在平滑点和角点之间进行转换时还可以使用工具箱上的转换点工具，或者使用钢笔工具并按住 Alt 键，如图 5-12 所示。

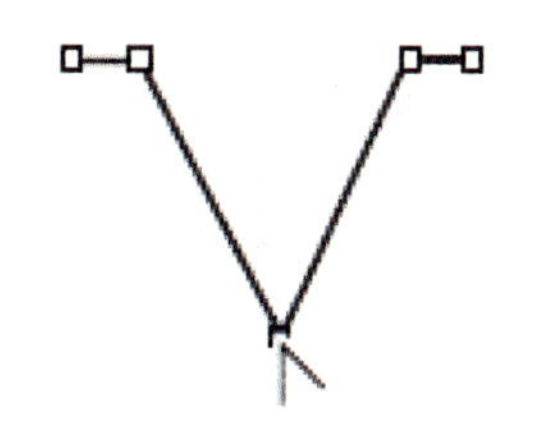

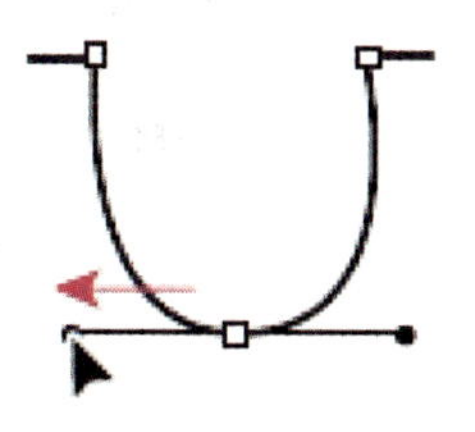

图 5-12 转换点工具

2. 路径与选区间的转换

（1）路径转化为选区。创建路径的最终目的就是要将其转化为选区，而将一个选区转换为路径，利用路径的功能对其进行精确的调整，可以制作出许多形状较为复杂的选区。

将路径转换为选区的方法是：创建路径，然后单击路径控制面板菜单中的“建立选区”命令，如图 5-13 所示。在该对话框中，可设置如下选项。

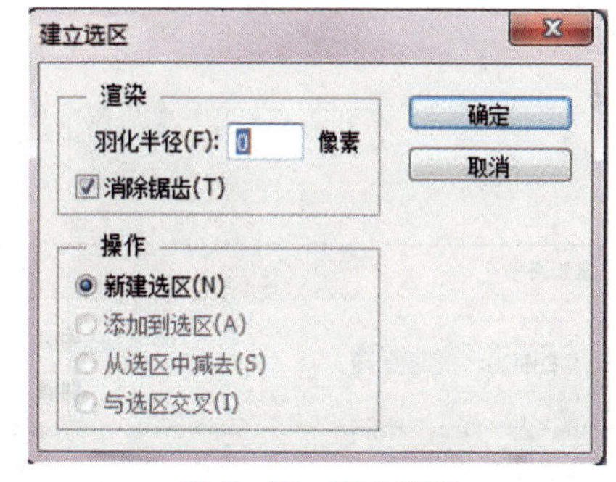

图 5-13 建立选区

羽化半径：可以设置路径转换为选区后的边缘羽化程度。

消除锯齿：选择该复选框可以消除转换为选区后的边缘锯齿效果。

新建选区：选中该选项，可以将当前路径转换为一个新选区。

添加到选区：选中该项，将路径所创建的选区添加到窗口原有的选区上。

从选区中减去：选中该项，从窗口原有选区中删去路径所创建的选区。

与选区交叉：选中该项，生成路径与窗口中原有选区相交区域的新选区。

（2）选区转化为路径。如果是一个开放式的路径，则在转换为选区后，路径的起点会连接终点成为一个封闭的选区。因为路径可以进行编辑，当选区不够精确时，可以通过将选区转换为路径进行调整。

将选区转换成路径的方法是：创建选区，然后单击路径控制面板菜单中的“建立工作路径”命令。在该对话框中的“容差”文本框中可以设置转换为路径后路径上产生的节点数，设置范围为 0.5 ~ 10 像素，如图 5-14 所示。值越高，产生的节点越少，生成的路径就越不平滑。反之则产生的节点就越多，产生的路径就越平滑。

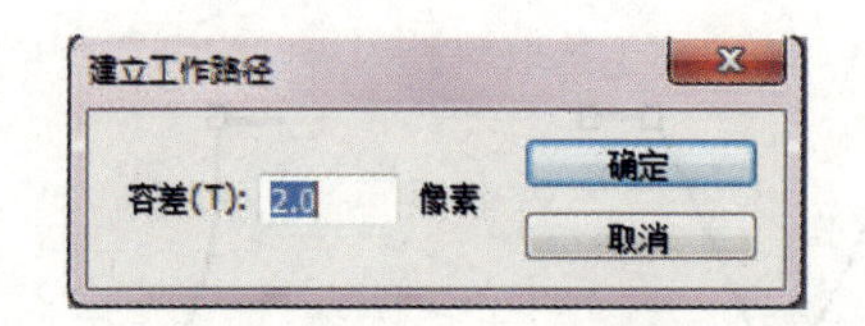

图 5-14 建立工作路径

3. 复制与删除路径

在路径菜单中选择“复制路径”命令，可以将路径面板中选定的当前路径进行复制，在面板中产生一个路径副本，用户可以对新产生的路径进行命名，如图 5-15 所示。

复制路径的另一个方法是在同一路径层中进行复制，而不在路径面板中产生新的路径层，具体方法是运用路径选择工具，选中一个要复制的路径，按住 Alt 键的同时移动路径，就可以复制出新的路径，如图 5-16 所示。

图 5-15 复制路径

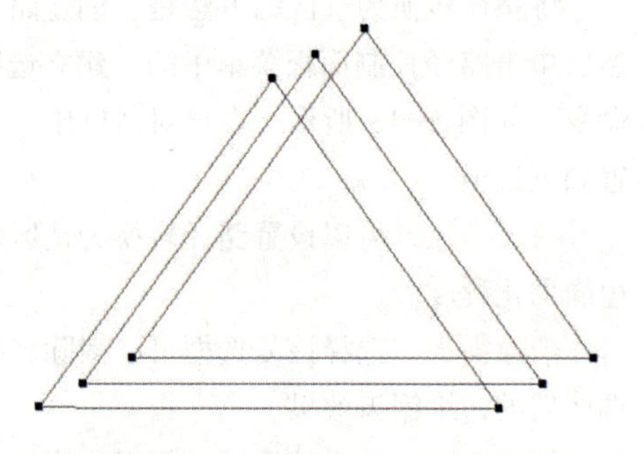

图 5-16 复制路径

5.1.4 填充与描边路径

1. 填充路径

使用钢笔工具创建的路径只有在经过描边或填充处理后，才会成为图像。填充路径命令可用于使用指定的颜色、图像状态、图案或填充图层来填充包含像素的路径。

在路径面板中选择路径，单击路径面板底部的“填充路径”按钮。如果要选择使用其他内容填充路径，按住 Alt 键并单击路径面板底部的“填充路径”按钮。Photoshop 会弹出“填充路径”对话框，如图 5-17 所示。如果图像中当前有多个路径，则显示的是“填充子路径”对话框。

在对话框中，“使用”选项用于选取填充内容，包括前景色、背景色、图案等，如图 5-18 所示。可以指定填充的不透明度，要使填充更透明，请使用较低的百分比。100%的设置使填充完全不透明。还可以选取填充的混合模式。“模式”列表中提供了“清除”模式，使用此模式可抹除为透明，但必须在背景以外的图层中工作才能使用该选项。选取“保留透明区域”仅限于填充包含像素的图层区域。“渲染”选项组中，“羽化半径”定义羽化边缘在选区边框内外的伸展距离，输入以像素为单位的值。“消除锯齿”通过部分填充选区的边缘像素，在选区的像素和周围像素之间创建精细的过渡效果。

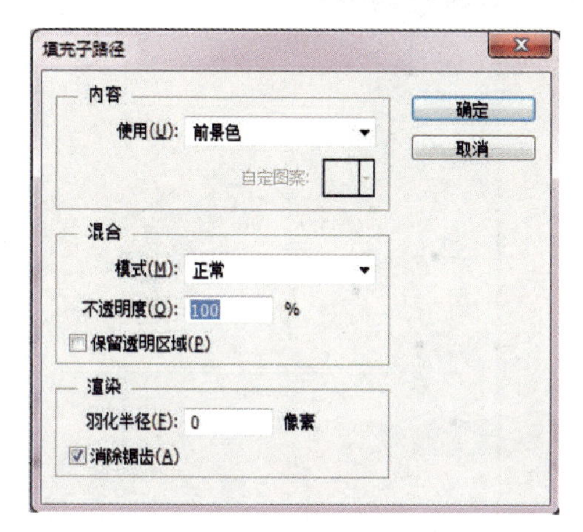

图 5-17　填充路径对话框

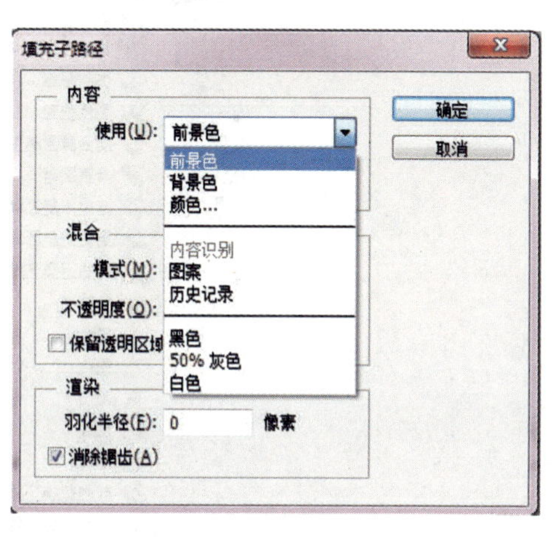

图 5-18　填充内容选项

如果要使用系统当前的前景色对路径进行填充，可以直接单击路径控制面板中的“用前景色填充路径”按钮。如果要使用其他的填充颜色或者图案，则可以利用填充路径命令，无须将路径转换为选区，直接用指定的颜色、图案来填充当前工作路径。

图 5-19 是运用路径选择工具对选中的子路径进行逐个填充，图 5-20 是完成图 5-19 以后对所有路径进行填充的效果。

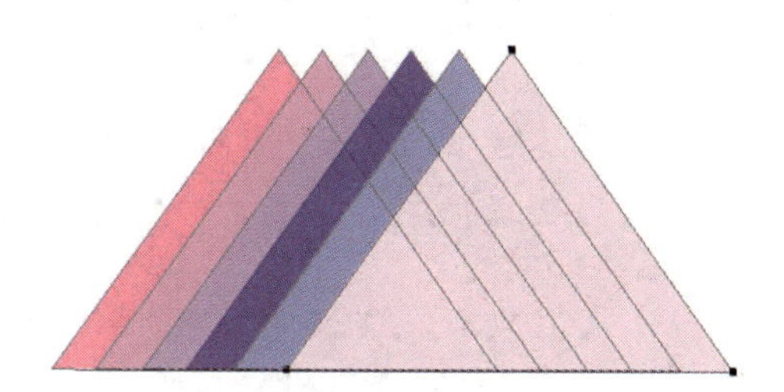

图 5-19　填充选择的路径

图 5-20　填充所有路径

2. 描边路径

描边路径允许选择 Photoshop 中的画笔工具和修饰工具来勾勒路径的轮廓线。编辑好路径后，执行路径控制面板关联菜单中的“描边路径”命令，将打开“描边路径”对话框，单击“工具”右侧的下拉按钮，可以在下拉列表中选择用来描边路径时使用的工具，如图 5-21 所示。设置完成后，单击“确定”按钮，即可对选中的路径进行描边。

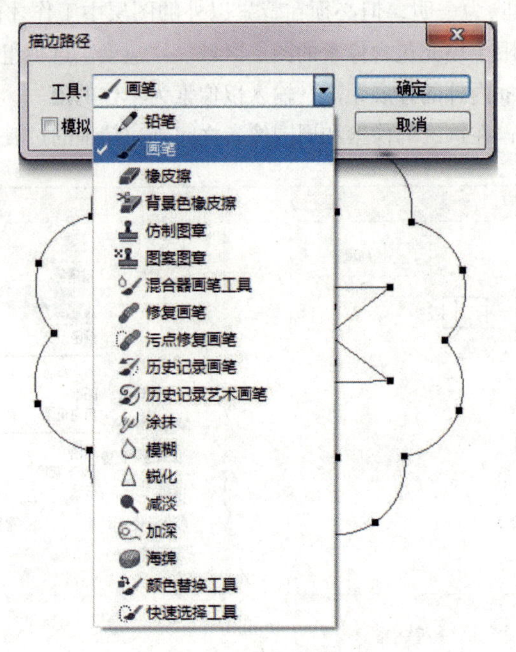

图 5-21　描边路径工具

实际操作中，在选择要使用描边工具前，必须保证该工具的笔刷大小及其他选项设置满足描边的需要，包括混合模式和不透明度等选项。描边路径前后的效果，如图 5-22 和图 5-23 所示。

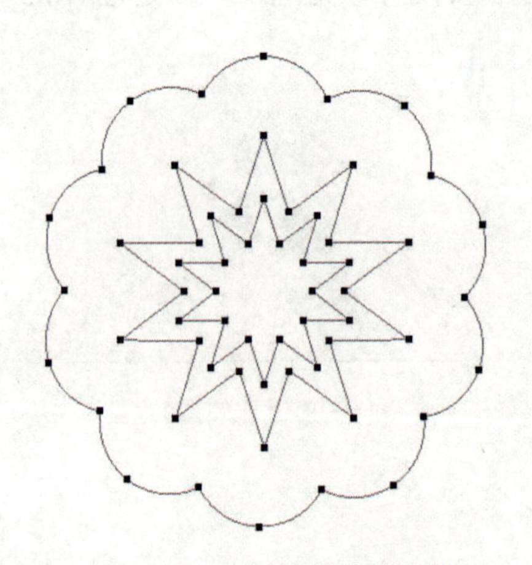

图 5-22　描边路径前的效果

图 5-23　描边路径后的效果

5.2 路径应用技巧

下面应用路径设计“直降专区”文字变形效果，具体如下：

（1）新建文件，设置文件宽度为 750 像素、高度为 397 像素，如图 5-24 所示。

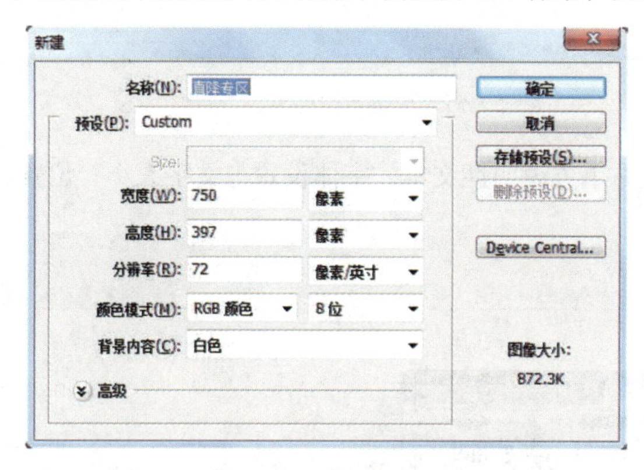

图 5-24　创建文件

（2）输入促销广告文字，运用工具设置文本的大小与位置，字体设置为“微软雅黑”，加粗，颜色为红色，如图 5-25 所示。

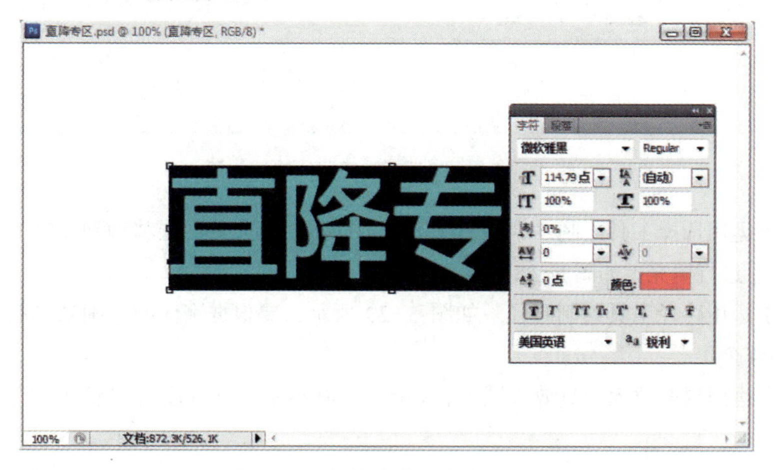

图 5-25　促销广告文字字体设置

（3）设置左上方说明性文本，字体设置与文字大小、位置、颜色等如图 5-26 所示。

图 5-26　左上方说明性文字字体设置

（4）继续设置右下方说明性文本，字体设置与文字大小、位置、颜色等如图 5-27 所示。

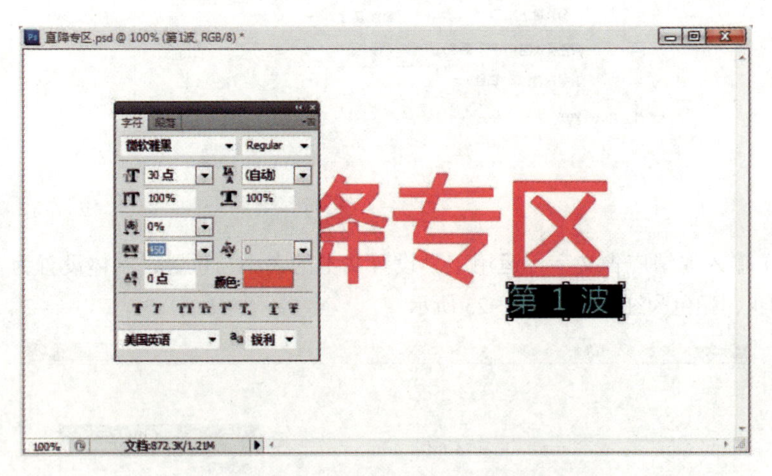

图 5-27　右下方说明性文字字体设置

（5）运用选择工具绘制一个圆形选区，把即将要填充的图层移动到文字的下方，然后选择红色进行填充，如图 5-28 所示。

（6）运用路径工具绘制路径，如图 5-29 所示，要根据字体的笔画来绘制，路径控制节点为 4 个。

（7）运用视图放大工具放大图形，如图 5-30 所示，并且用增加节点工具增加 2 个节点。

图 5-28 创建并填充选区

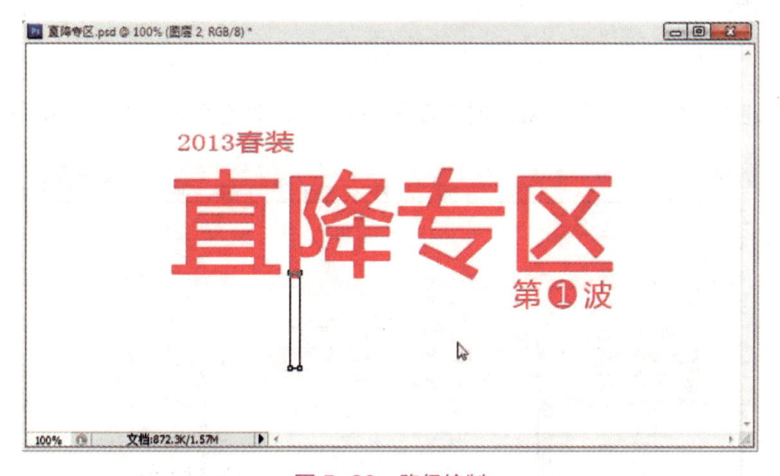

图 5-29 路径绘制

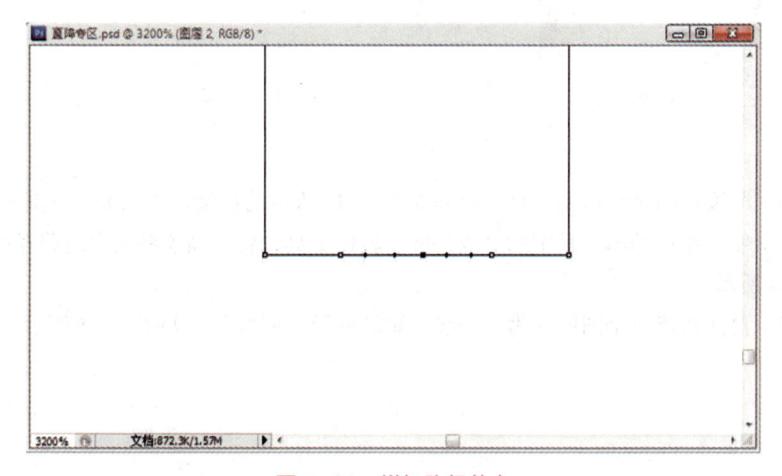

图 5-30 增加路径节点

（8）运用路径节点编辑工具移动节点，形成一个箭头形状，如图 5-31 所示。

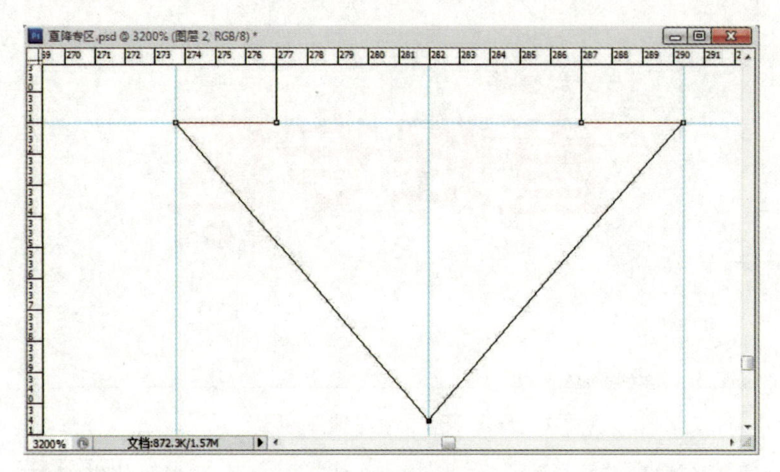

图 5-31　移动路径节点

（9）建立一个新的图层，对新创建的路径造型进行颜色填充，如图 5-32 所示。

图 5-32　填充路径

（10）继续运用路径造型工具，绘制如图 5-33 所示的造型，注意节点不能太多。

（11）使用路径编辑工具中的直线与曲线转化工具，将上面绘制的直线路径曲线化，如图 5-34 所示。

（12）再次新建一个图层，为上一步绘制的路径造型填色，如图 5-35 所示。

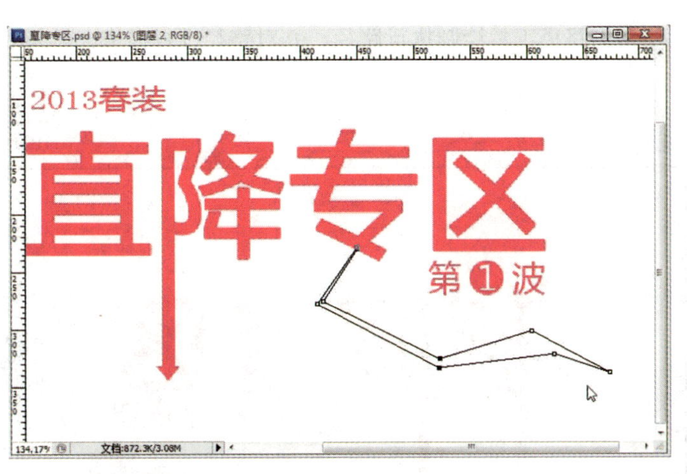

图 5-33　创建路径

图 5-34　曲线化路径

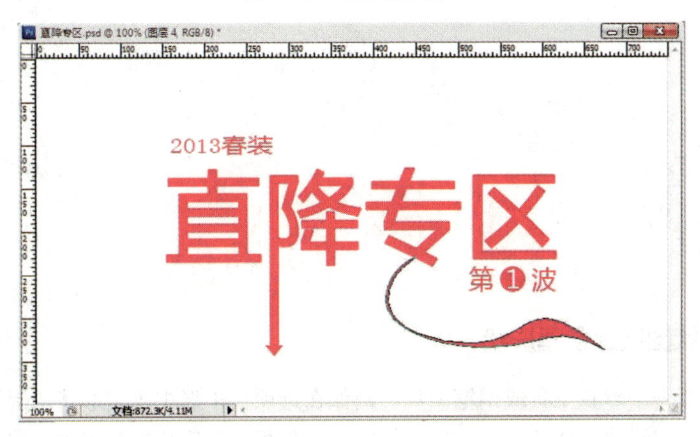

图 5-35　填充路径

（13）运用钢笔路径工具绘制执行路径，并对路径进行描边，最终效果如图 5-36 所示。

图 5-36　最终效果

5.3 形状的绘制与编辑

矢量图形

5.3.1　形状图层的性质与绘制方式

1. 在形状图层上创建形状

（1）选择一个形状工具或钢笔工具。确保在选项栏中选中了“形状图层”按钮。

（2）要选取形状的颜色，请在选项栏中单击色板，然后从拾色器中选取一种颜色。

（3）在选项栏中设置工具选项。单击形状按钮旁边的反向箭头以查看每个工具的其他选项。

（4）要为形状应用样式，请从选项栏的“样式”弹出式菜单中选择预设样式。

（5）在图像中拖动以绘制形状：要将矩形或圆角矩形约束成方形，将椭圆约束成圆或将线条角度限制为 45 度角的倍数，请按住 Shift 键。要从中心向外绘制，请将指针放置到形状中心所需的位置，按下 Alt 键，然后沿对角线拖动到任何角或边缘，直到形状已达到所需大小。

2. 在一个图层上绘制多个形状

可以在图层中绘制单独的形状，或者使用“添加”“减去”“交叉”或“除外”选项来修改图层中的当前形状。具体的操作方法如下：

（1）选择要添加形状的图层。

（2）选择绘图工具，并设置特定于工具的选项。

（3）在选项栏中根据需要选取选项。

3. 形状工具选项

形状工具主要用于在图像中快速地绘制直线、矩形、圆角矩形、椭圆形和多边形等形状。在 Photoshop 中，也可以绘制和创建自定义的形状库，以便重用自定义形状。形状工具组主要由六个工具组成，如图 5-37 所示。各个工具的功能如下：

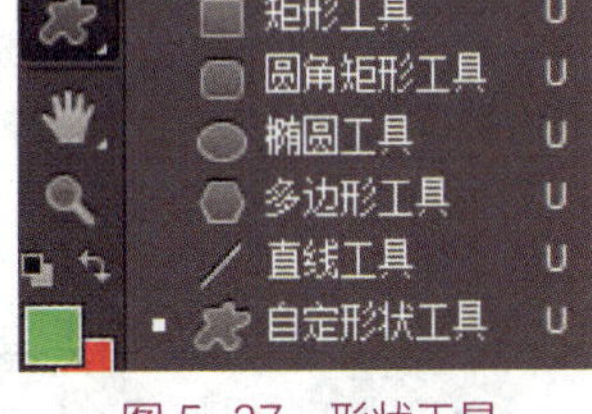

图 5-37　形状工具

矩形工具：可以绘制出矩形、正方形的路径或形状。

圆角矩形工具：可以绘制出圆角矩形。

椭圆工具：可绘制圆形和椭圆形的路径或形状。

多边形工具：可以绘制等边多边形，如等边三角形、五角星和星形。

直线工具：可以绘制出直线、箭头的形状和路径。

自定形状工具：可以绘制出各种预设的形状，如箭头、月牙形和心形等形状。

5.3.2　形状的绘制

1. 应用矩形工具绘制形状

矩形工具用于绘制矩形或正方形的路径或形状。在工具箱选择“矩形工具”后，可以绘制出矩形、正方形的路径和形状，此时在工具栏上将显示“矩形工具”的选项，如图 5-38 所示。各个选项的功能如下：

图 5-38　矩形工具

每个形状工具都提供了特定的选项，但在工具箱选项栏的左侧都提供了三种不同的绘图状态，各项功能如下所示：

（1）**形状**。选择此按钮，在绘制形状时不但可以建立一个路径，还可以建立一个形状图层，路径形状内将填充前景色。

（2）**路径**。选择此按钮，在绘制形状时会在路径面板上产生一个路径，但不会自动建立一个形状图层。

（3）**像素**。选择此按钮，在绘制形状时不会建立路径，也不会建立一个形状图层，但会在当前图层中绘制出一个由前景色填充的形状。

（4）**填充与描边**。填充是指对绘制的形状区域用设定的颜色填充，描边是指对描边的边框区域用指定的颜色填充，如图 5-39 所示。描边的边框粗细可以从 0.00 ~ 288.00 点进行设置；填充的内容也有四个选项，分别是无填充、纯色填充、渐变填充、图案填充。

（5）**线型**。单击线型选项，弹出线型描边选项设置框，可以将描边边框线条设置为“实线”“虚线”“点”等类型，同时还可以设置对齐方式、端点与角点的造型，如图 5-40 所示。

图 5-39　填充设置

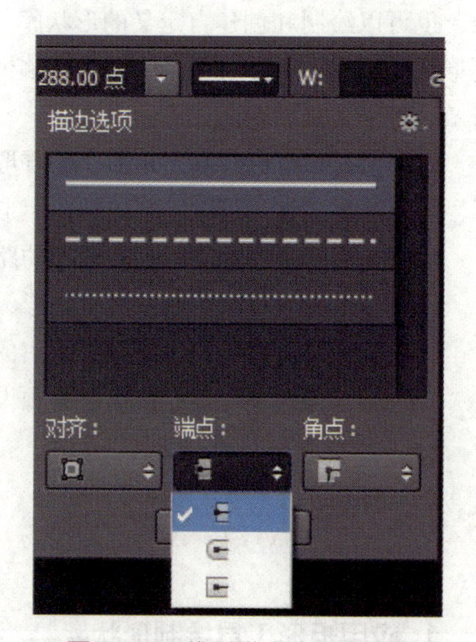

图 5-40　线型描边选项设置框

单击最下方的“更多选项”按钮，可以对线型进行进一步的编辑与设计，如图 5-41 所示。

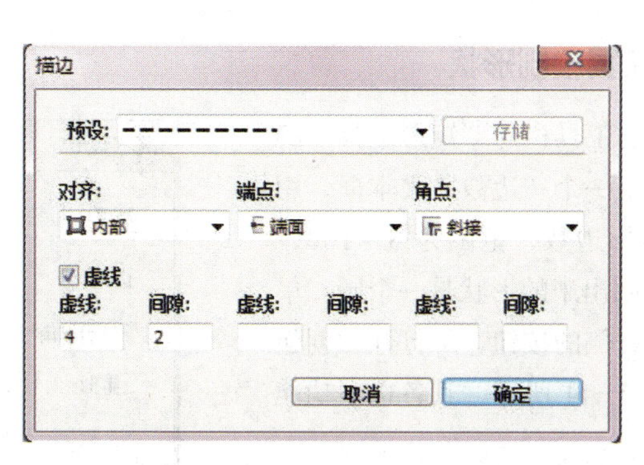

图 5-41　描边——更多选项

（6）**绘制约束选项**。绘制约束选项有五种约束方式，如图 5-42 所示。选项栏各个选项的含义如下：

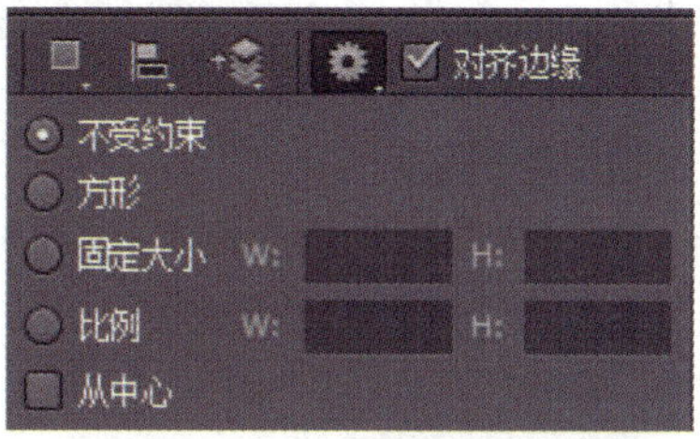

图 5-42　绘制约束选项

❶ 选中“不受限制”单选按钮，则图形比例和大小不受约束。

❷ 选中“方形”单选按钮则绘制出正方形。

❸ 选中“固定大小”单选按钮后可以约束矩形的宽度和高度。

❹ 选中“比例”单选按钮后可以约束矩形的宽度和高度的比例。

❺ 选中“从中心”复选框，即所绘制的矩形将以鼠标按下位置为绘制的中心点向四周扩展。选中“对齐边缘”复选框，则可将矩形或圆角矩形的边缘对齐像素边界。

（7）**形状交叠工具选项**，总共有六个选项，如图 5-43 所示。选项栏各个选项的含义如下：

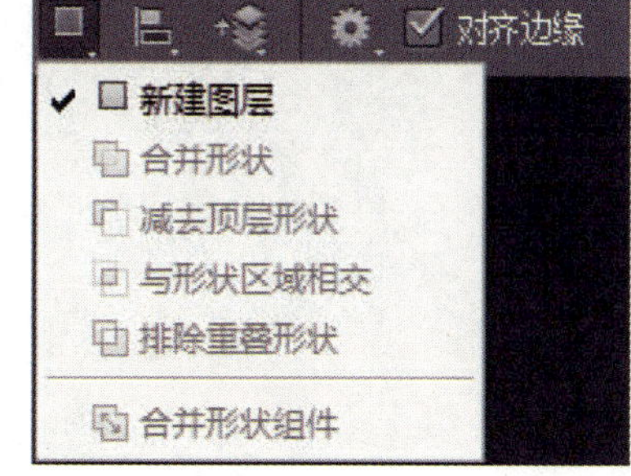

图 5-43　形状交叠选项

❶ **新建图层：**选中该选项，表示用户的每次操作都将创建一个新的形状图层。

❷ **合并形状：**选中该选项，将新创建的路径或形状添加到当前的路径或图形中。

❸ **减去顶层形状：**选中该选项，将从新路径或图形中去掉与原有的路径或图形的交集。

❹ **与形状区域相交：**选中该选项，将选择新创建的路径或形状与原有的路径或图形的交集。

❺ **排除重叠形状：**该选项的功能和上述选项相反，将新建图像或路径与原有路径或图形的交集去掉，取两者剩下的部分。

❻ **合并形状组件：**将绘制而成的不同形状组合形成一个组件。

2. 应用多边形工具绘制形状

“多边形工具”的工具栏与“矩形工具”的工具栏相似，只是多了一个“边数”文本框，用于设置所绘制的多边形边数，范围为 3 ~ 100，当边数为 100 时，绘制出来的形状是一个圆。单击工具栏多边形工具右侧的按钮，可打开“创建多边形”面板，如图 5-44 所示。其各选项功能如下：

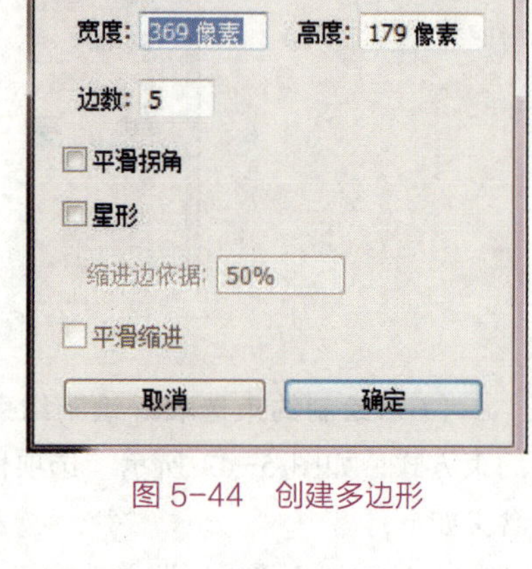

图 5-44　创建多边形

（1）宽度与高度： 用于指定多边形的大小。

（2）平滑拐角： 选中此复选框，可以平滑多边形的拐角。

（3）星形： 用于设置并绘制星形，选中该复选框后，可以对“缩进边依据”和“平滑缩进”选项进行设置。

❶ **缩进边依据：** 用于设置星形缩进所用的百分比。

❷ **平滑缩进：** 用于平滑多边形的凹角。

多边形工具绘制的形状图形，描边效果形状如图 5-45 所示，渐变效果形状如图 5-46 所示。

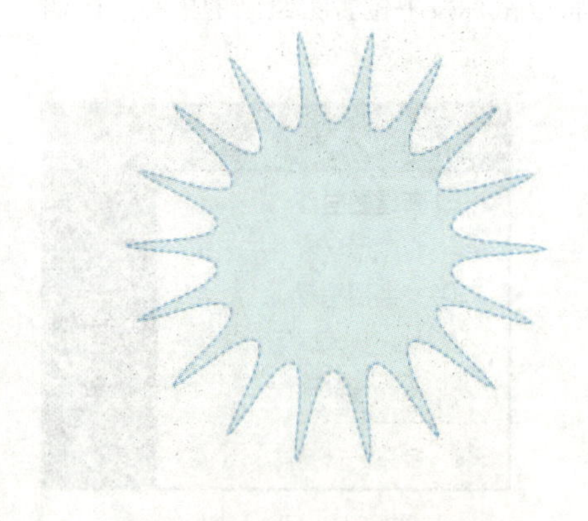
图 5-45　描边效果形状

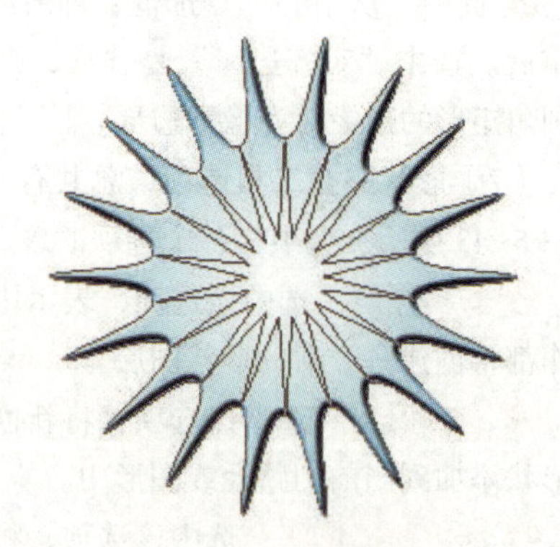
图 5-46　渐变效果形状

3. 应用直线工具绘制形状

直线形状的绘制与矩形形状的绘制基本类似，使用“直线工具”可以绘制出直线、箭头的形状和路径。绘制直线时，可以在工具栏中的“粗细”选项框设置线条的宽度，数值范围为 1 ~ 1000，数值越大，绘制出来的线条越粗。单击“设置工具”右侧的小三角可

以打开“箭头”面板，如图 5-47 所示。通过在“箭头”面板进行设置，“直线工具”可以绘制出各种各样的箭头。“箭头”面板中各个选项的具体含义如下：

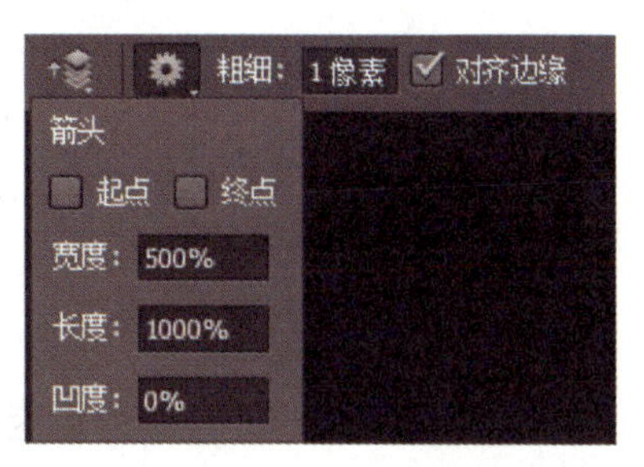

图 5-47　“箭头”面板

起点：在起点位置绘制出箭头。

终点：在终点位置绘制出箭头。

宽度：设置箭头宽度，范围在 10% ~ 1000%。

长度：设置箭头长度，范围在 10% ~ 1000%。

凹度：设置箭头凹度，范围在-50% ~ 50%。

4. 应用自定义工具绘制形状

可以通过使用“自定形状”弹出式面板中的形状来绘制形状，也可以存储形状或路径以便用作自定形状。

（1）选择自定形状工具。

（2）从选项栏中的“自定形状”弹出式面板中选择一个形状。

（3）如果在面板中找不到所需的形状，可以单击面板右上角的箭头，然后选取其他类别的形状。单击“形状”面板右上角的小三角形按钮，可以打开一个面板菜单，从中可以载入、保存、替换和重置面板预设的形状，以及改变面板中形状的显示方式。在图像中拖动可绘制形状。自定形状选项如图 5-48 所示。

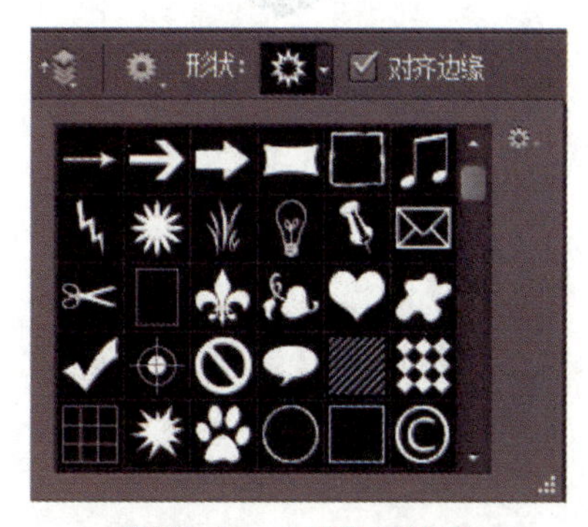

图 5-48　自定形状选项

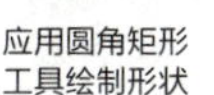

应用椭圆工具绘制形状

5.3.3　形状的编辑

1. 形状的编辑方法

形状是链接到矢量蒙版的填充图层。通过编辑形状的填充图层，可以很容易地将填充更改为其他颜色、渐变或图案，也可以编辑形状的矢量蒙版以修改形状轮廓，并对图层应用样式。

如果要更改形状颜色，请双击“图层”面板中形状图层的缩览图，然后用拾色器选取一种不同的颜色。

如果要使用图案或渐变来填充形状，请在“图层”面板中选择形状图层，然后选择“图层—图层样式—图案叠加”，并设置图案选项。

如果要修改形状轮廓，请在“图层”面板或“路径”面板中单击形状图层的矢量蒙版缩览图。然后，使用“直接选择”工具和“钢笔”工具更改形状。

如果要移动形状而不更改其大小或比例，请按住空格键的同时拖动形状。

2. 将形状或路径存储为自定形状

在“路径”面板中选择路径，可以是形状图层的矢量蒙版，也可以是工作路径或存储的路径。选取“编辑—定义自定形状”，然后在“形状名称”对话框中输入新自定形状的名称，如图 5-49 所示。新形状出现在“形状”弹出式面板中。要将新的自定形状存储为新库的一部分，请从弹出式面板菜单中选择“存储形状”。

图 5-49 “形状名称”对话框

创建栅格化形状

5.4 形状的应用技巧

（1）新建一个图像文件，命名为“背景设计”，宽 1024 像素，高 768 像素，分辨率为 72 像素 / 英寸，RGB 色彩模式。

（2）选择“渐变工具”，在工具属性栏中选择渐变类型为“前景色到背景色”，渐变方式为“径向渐变”，其他参数可以默认。单击工具箱中的前景色，颜色设置为“#65D8B7”，设置背景色为“#5FC2C1”，在文件中拉出径向渐变，如图 5-50 所示。

（3）在图层面板底部，单击“创建新图层”按钮，新建一个图层。

（4）选择工具箱中的“钢笔工具”，在其属性面板中设置为“路径”选项，绘制路径如图 5-51 所示，并用“直接选择工具”进行路径曲线调整，使曲线圆顺。

图 5-50　渐变填充效果

图 5-51　路径绘制

（5）执行路径面板底部的“将路径作为选区载入”命令，把路径转化为选区。

（6）选择“画笔工具”，笔刷类型为“柔角 100 像素”，画笔不透明度设置为 10%，设置前景色为白色，调整笔刷大小，在选区边缘涂抹。涂抹的时候先用较大的笔刷加上淡淡的底色，然后用稍小的笔刷把边缘部分加亮一点。取消选择，如图 5-52 所示。

（7）新建一个图层，运用“钢笔工具”绘制路径，并用“直接选择工具”进行路径曲线调整，使曲线圆顺，如图 5-53 所示。

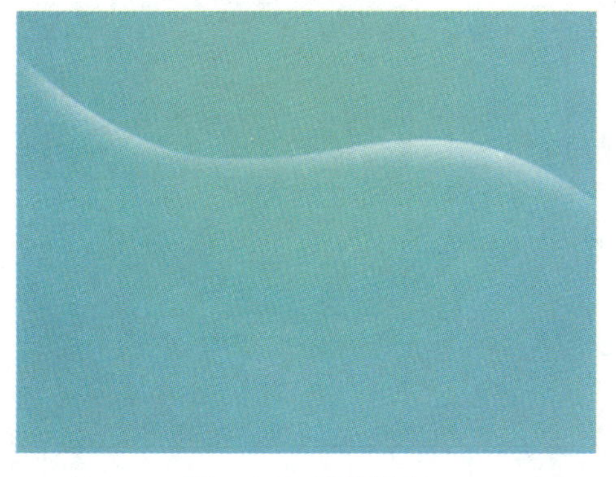

图 5-52　边缘填充

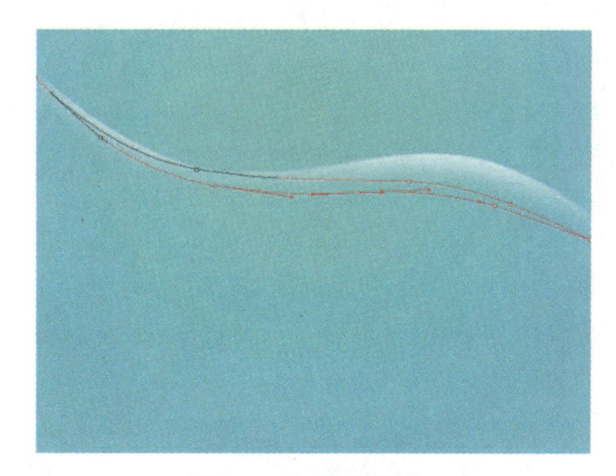

图 5-53　绘制曲线

（8）用上面同样的方法，将路径转化为选区，并新建图层，前景色设置为白色，执行“Alt+Del”命令用白色填充，执行“Ctrl+D”命令取消选择，如图 5-54 所示。

（9）在上一步白色填充的图层中，执行“滤镜—模糊—动感模糊”命令，角度参数设置为-48，距离参数设置为128像素，对图像进行模糊处理，如图5-55所示。

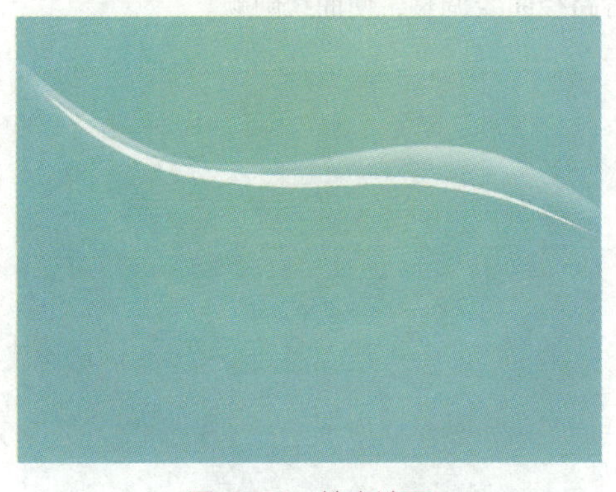

图5-54　填充选区

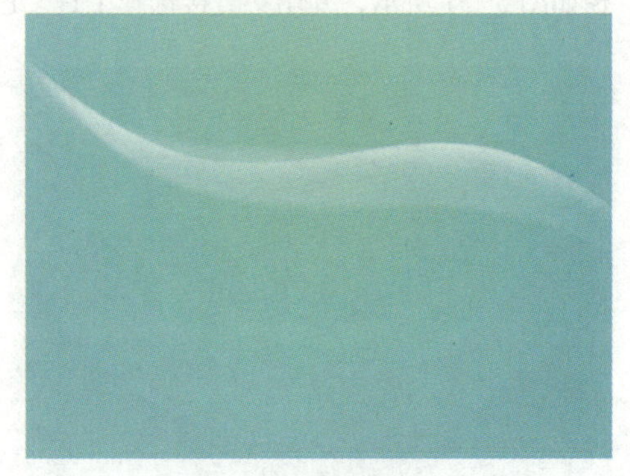

图5-55　模糊处理

（10）新建一个图层，同样运用“钢笔工具”绘制路径，并用“直接选择工具”进行曲线调整，使曲线尽可能柔顺，如图5-56所示。

（11）执行路径面板底部的“将路径作为选区载入”命令，把路径转化为选区。

（12）再次选择“画笔工具”，笔刷类型为“柔角100像素”，画笔不透明度设置为10%，设置前景色为白色，调整笔刷大小，在选区边缘涂抹。涂抹的时候先用较大的笔刷加上淡淡的底色，然后用稍小的笔刷把边缘部分加亮一点。取消选择，如图5-57所示。

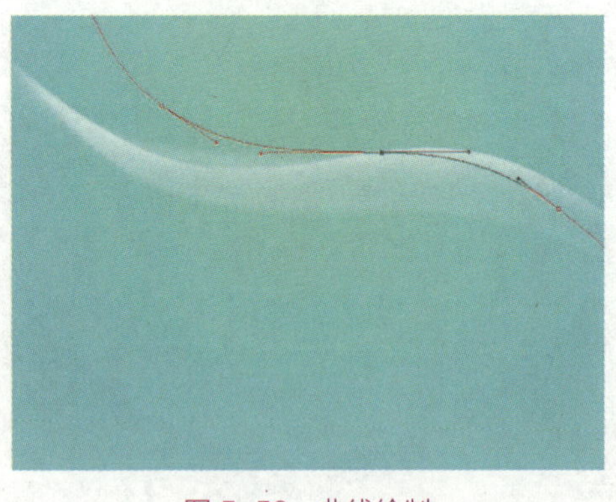

图5-56　曲线绘制

图5-57　边缘填充

（13）新建一个图层，同样运用“钢笔工具”绘制路径，并用“直接选择工具”进行曲线调整，使曲线尽可能柔顺，如图5-58所示。

（14）执行路径面板底部的“将路径作为选区载入”命令，把路径转化为选区。

（15）再次选择“画笔工具”，笔刷类型为“柔角 100 像素”，画笔不透明度设置为 10%，设置前景色为白色，调整笔刷大小，在选区边缘涂抹。涂抹的时候先用较大的笔刷加上淡淡的底色，然后用稍小的笔刷把边缘部分加亮一点。取消选择，如图 5-59 所示。

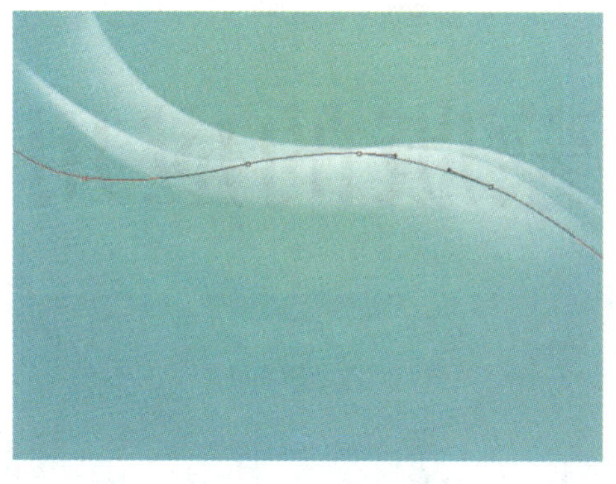

图 5-58　曲线绘制

图 5-59　边缘填充

（16）用上述同样的方法，在文件的其他各个部位绘制类似的曲线，并用白色画笔修饰，注意图形的整体结构，注意控制笔墨的数量，效果如图 5-60 所示。

（17）继续运用“画笔工具”，选择“圆形 2”笔刷形状，不透明度调整到 40%左右，前景色为白色，在图像中绘制适当数量的小圆圈，最后运用文本工具，选择“Arial”字体，输入适当的文字，对画面进行修饰。最终效果如图 5-61 所示。

图 5-60　填充效果

图 5-61　最终效果

第6章

通道与蒙版的应用

6.1 通道的建立

通道的概念和作用

6.1.1　通道基本知识

通道是 Photoshop 的一个重要功能。通道的主要作用是保存图像的颜色信息和存储蒙版。运用通道可以实现许多图像特效，能为图形图像工作人员带来创作技巧与思路。

通道作为图像的组成部分，与图像的格式密不可分，图像颜色、格式的不同决定了通道的数量和模式，在通道面板中可以直观的看到。在 Photoshop 中涉及的通道主要有：

（1）复合通道（Compound Channel）：复合通道不包含任何信息，实际上它只是同时预览并编辑所有颜色通道的一个快捷方式。它通常被用来在单独编辑完一个或多个颜色通道后使通道面板返回到它的默认状态。对于不同模式的图像，其通道的数量是不一样的。在 Photoshop 之中，通道涉及三个模式：对于一个 RGB 图像，有 RGB、R、G、B 四个通道；对于一个 CMYK 图像，有 CMYK、C、M、Y、K 五个通道；对于一个 Lab 模式的图像，有 Lab、L、a、b 四个通道。

（2）颜色通道（Color Channel）：在 Photoshop 中编辑图像时，实际上就是在编辑颜色通道。这些通道把图像分解成一个或多个色彩成分，图像的模式决定了颜色通道的数量，RGB 模式有三个颜色通道，CMYK 图像有四个颜色通道，Bitmap 色彩模式、灰度模式和索引色彩模式只有一个颜色通道，它们包含了所有将被打印或显示的颜色。

（3）专色通道（Spot Channel）：专色通道是一种特殊的颜色通道，指的是印刷时想要对印刷物加上一种专门颜色（如银色、金色等）。它可以使用除了青色、洋红（也叫品红）、黄色、黑色以外的颜色来绘制图像。专色在输出时必须占用一个 Channel，.psd、.tiff、.dcs 2.0 等文件格式可保留专色通道。专色通道一般用得较少且多与印刷相关。

（4）Alpha 通道（Alpha Channel）：Alpha 通道是计算机图形学中的术语，指的是特别的通道。有时，它特指透明信息，但通常的意思是“非彩色”通道。这是真正需要了解的通道，可以说在 Photoshop 中制作出的各种特殊效果都离不开 Alpha 通道，它最基本

的用处在于保存选取范围，并不会影响图像的显示和印刷效果。

（5）单色通道： 这种通道的产生比较特别，也可以说是非正常的。如果在通道面板中随便删除其中一个通道，所有的通道都会变成“黑白”的，原有的彩色通道即使不删除也变成灰度的了。这就是单色通道。

专色通道　　通道面板的使用

6.1.2　通道的应用

下面应用通道来设计创建一个促销页面，具体操作步骤如下：

（1）执行“Ctrl+N”命令建立新文件，命名为“促销页面”，把新建文件大小设置为宽 860 像素，高 660 像素，分辨率为 72 像素 / 英寸，色彩模式为 RGB 模式，背景色为“#999999”。

（2）执行“视图—标尺”命令，显示标尺，选择工具箱中的移动工具，从标尺中拖出红色的参考线，参考线分别离文件边缘 5 毫米。

（3）中间的分割参考线把文件分成 4 比 6 左右两个部分，参考线布置要准确。运用“矩形选框”工具，羽化值为 0，沿着参考线创建一个矩形选区。

（4）在图层面板底部，单击“创建新图层”按钮，建立一个新图层，命名为“图层 1”。

（5）把前景色设置为白色，执行“Alt+Delete”命令，用白色的前景色进行填充。

（6）运用工具箱中的“移动工具”，分别从标尺中拖出四根参考线，每根参考线距离原来的第一根参考线 3 毫米，距离根据标尺上的刻度来确定，如图 6-1 所示。

图 6-1　设置参考线

（7）素材准备，打开素材文件 sucai 1.jpg 和 sucai 2.jpg；选择 sucai 1.jpg 文件，执行“Ctrl+A”命令全部选择图像，再执行“Ctrl+C”命令把图像复制到剪贴板中。

（8）选择 sucai 2.jpg 文件，单击文件的通道面板，选择蓝色通道。

（9）执行“Ctrl+V”命令，从剪贴板中把复制的图像粘贴到蓝色通道中，紧接着在通道面板中重新选择 RGB 通道，效果如图 6-2 所示。

图 6-2　通道合并后的图像效果

（10）继续对 sucai 2.jpg 文件进行编辑，选择图层面板，执行菜单中的“图像—调整—色相 / 饱和度”命令，对整个图像进行调整，色相值调整到 200，饱和度值调整到 55，选择下面的着色选项，效果如图 6-3 所示。

图 6-3　调整后的效果

（11）运用工具箱中的“移动工具”把制作好的 sucai 2.jpg 文件移到“商业版面设计”文件中，执行“Ctrl+T”命令进行大小和位置调整。

（12）新建一个图层为“图层 2”，设置前景色为“#669999”，运用“矩形选框工具”设置羽化值为 0，创建一个矩形选框，执行“Alt+Delete”命令中“图层 2”用前景色填充，效果如图 6-4 所示。

图 6-4　素材与填充效果

（13）设置前景色为黑色，同样用矩形工具在文件中创建一个长方形选区，新建一个图层为“图层 3”，用前景色填充；在图层面板设置“图层 3”的不透明度为 50%，取消选择。

（14）打开 sucai 3.jpg 文件，执行“图像—调整—亮度 / 对比度”命令，调整图像的亮度，设置亮度值为“-40”，如图 6-5 所示。

图 6-5　调整图像亮度

（15）运用工具箱中的“移动工具”，把调整好的图片拖放到“商业版面设计”文件中，形成新图层，运行“Ctrl+T”命令调整图片的位置和大小，如图 6-6 所示。

图 6-6　放置素材

（16）分别打开 sucai 4.jpg，sucai 5.jpg，sucai 6.jpg 和 sucai 7.jpg，运用“移动工具”分别把图片移动到文件中，并用“Ctrl+T”命令进行大小和位置调整，要求均匀分布，效果如图 6-7 所示。

（17）设置前景色为“#cccccc”，用“矩形选框”工具在图 6-7 中建立一个选区，新建一个图层并用前景色填充，如图 6-7 所示。

图 6-7　建立选区并填充

（18）用上一步同样的方法，建立两个矩形选区，分别用 RGB 为（199、210、202）的色彩和“#cccccc”两种色彩进行填充，如图 6-8 所示。

图 6-8　色彩填充

（19）用同样的方法，在文件上半部分用 RGB 为（233、238、233）的色彩填充。运用文本工具，选择“bodoni DT BT”字体（也可以选择别的合适字体），字体大小为 50 点，字体颜色为黑色，字体形式为粗体，选择消除锯齿的方式为“犀利”，输入文字，如图 6-9 所示。

（20）打开素材 sucai 2.jpg 图片文件，选取一块矩形图像，用移动工具拖放到文件中，放置文本图层的上方（这一点很重要）。在图层面板鼠标移到文字图层和图片图层的中间，按 Alt 键，使两个图层之间建立剪贴蒙版，效果如图 6-9 所示。

图 6-9　图片与文字剪贴蒙版

（21）继续使用文字工具，选择“Arial”字体，大小为 10 点，字体颜色为“#333333”，输入相应的文本，并用移动工具对文本的位置和大小进行调整，效果如图 6-10 所示。

（22）用文本工具在页面上拖出文本框，输入段落文本，字体为宋体，消除锯齿的方法为“犀利”，字体大小为 10 点，行间距为 16 点，字体颜色为“#333333”。在段落面板中将段落设置为“最后一行左对齐”。分别在文件中输入两段文本，并调整好位置，如图 6-10 所示。

（23）新建一个图层，选择工具箱中的“画笔工具”，在笔刷列表中选择“圆形 1”笔刷形状，笔刷大小设置为 10 个像素，设置前景色为“#cc6633”，用“画笔工具”在段落文本上方分别绘制出两个小圆，同时在小圆的后面输入相应的文本，文本大小为 14 点，其他设置与前面一样，效果如图 6-10 所示。

（24）创建一个新图层，在文件左上部分的位置上，用“圆形选框”工具创建一个圆形选区，羽化值为 0，并执行“编辑—描边”命令用白色描边圆形选区，描边宽度为 3 个

像素，状态为居中描边，如图 6-11 所示。

图 6-10　修饰效果

图 6-11　描边圆形选区

（25）执行“选择—修改—收缩”命令，把圆形选区进行适当的缩小，收缩值为 6 个像素，然后进行白色描边，描边宽度为 1 个像素，效果如图 6-12 所示。

图 6-12　收缩选区并描边

(26) 选择工具面板中的“橡皮擦工具”，设置笔刷大小，分别将上一步建立的两个圆擦除部分像素，同时用“多边形套索工具”绘制两个箭头形状分别放置在两个圆弧上，如图 6-13 所示。

图 6-13　绘制箭头

(27) 运用文本工具，在两个圆弧中间输入文本，文本字体为“bodoni DT BT”（也可以用其他字体），大小为 24 点，颜色为“#333333”，将文本放置在圆弧的中央，如图 6-14 所示。

（28）将文本的前 3 个字母的颜色设置为“#cc0000”，最后对整体的版面进行适当的调整，完成版面的设计与制作。最终效果如图 6-14 所示。

图 6-14　最终效果图

6.2 通道的编辑

6.2.1　Alpha 通道

1. Alpha 通道的建立

用户在进行图像处理时，有时是对某一颜色通道进行多种处理，以获得不同的图像效果；有时把一个图像的通道应用到另一个图像中，进行图像的复合以获得需要的效果；

但可能很多时候是对 Alpha 通道进行编辑，以获得特殊的选区和图像效果。在 Photoshop 中，用户创建的通道一般是 Alpha 通道，Alpha 通道创建的方法有以下五种：

（1）单击通道调板底部的“创建新通道”按钮。这样建立的通道，其属性是默认的。

（2）按住 Alt 键的同时，单击通道调板底部的“创建新通道”按钮，此时会弹出新建通道对话框，如图 6-15 所示。用户可以对新通道定义名称、色彩指示、颜色和不透明度。

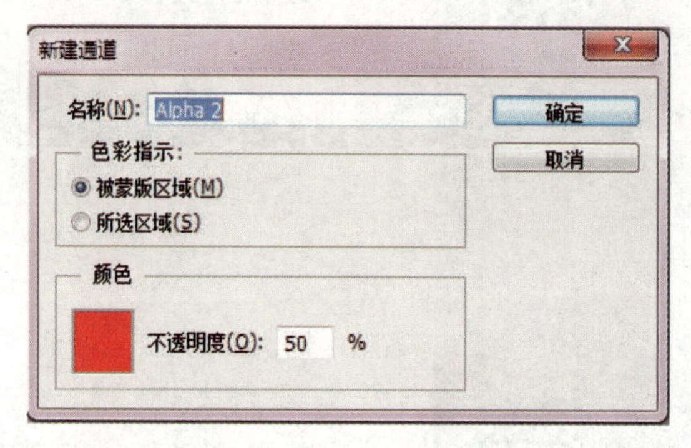

图 6-15 新建通道

（3）单击通道调板右上角的三角形图标，可以弹出通道调板菜单，在调板菜单中单击“新通道”按钮，也会显示新建通道对话框，可建立新通道。

（4）建立选区，执行选择菜单中的“保存选区”命令，将选区存储为新通道。

（5）建立选区，在通道调板底部的“将选区存储为通道”按钮上单击。

2. Alpha 通道的编辑

对图像的编辑实质上是对通道的编辑。因为通道是真正记录图像信息的地方，无论色彩的改变、选区的增减、渐变的产生，都可以追溯到通道中去。常见的通道编辑方法有以下几种：

（1）利用选择工具：Photoshop 中的选择工具包括遮罩工具（Marquee）、套索工具（Lasso）、魔术棒工具（Magic Wand）、字体遮罩（Type Mask）以及由路径转换来的选区等，其中包括不同羽化值的设置。利用这些工具在通道中进行编辑与对一个图像的操作是相同的。

（2）利用绘图工具：绘图工具包括喷枪（Airbrush），画笔（Paintbrush），铅笔（Pencil），图章（Stamp），橡皮擦（Eraser），渐变（Gradient），油漆桶（Paint Bucket），模糊、锐化和涂抹（Blur、Sharpen、Smudge），加深、减淡和海绵（Dodge、Burn、Sponge）。选择区域可以用绘图工具在通道中去创建、修改，利用绘图工具编辑通道的一个优势在于可以精确地控制笔触，从而可以得到更为柔和以及足够复杂的边缘。

（3）利用滤镜：在通道中进行滤镜操作，通常是在有不同灰度的情况下，而运用滤

镜的原因，通常是为了追求一种出乎意料的效果或者只是为了控制边缘。原则上说，可以在通道中运用任何一个滤镜去试验，从而建立更适合的选区。各种情况比较复杂，需要根据不同的目的做不同的处理。

（4）利用调节工具：特别有用的调节工具包括色阶（Level）和曲线（Curves）。在用这些工具调节图像时，会看到对话框上有一个 Channel 选单，在这里可以调整所要编辑的颜色通道。按住 Shift 键，再单击另一个通道，可以强制这些工具同时作用于一个通道。

6.2.2　通道的编辑

1. 通道的复制与删除

在 Photoshop 中，用户不但可以在同一图像中复制通道，也可在不同图像之间复制通道。在同一图像中复制通道的方法有：直接把要复制的通道选择拖入调板底部的“创建新通道”中，会创建一个通道副本；也可以在所选择的通道上单击右键，选择“复制通道”；还可以在通道调板菜单中选择“复制通道”。在不同图像间复制通道，首先要打开两幅图像。如果图像的尺寸大小一样，可以选择要复制的通道，右击或在通道调板菜单中选择“复制通道”，此时会显示出复制通道对话框，在对话框“为”的后面输入新通道的名称，在“文档”后面选择目标图像，如图 6-16 所示；如果图像的尺寸大小不一样，可以把原图像中要复制的通道直接拖入到目标图像中进行复制。

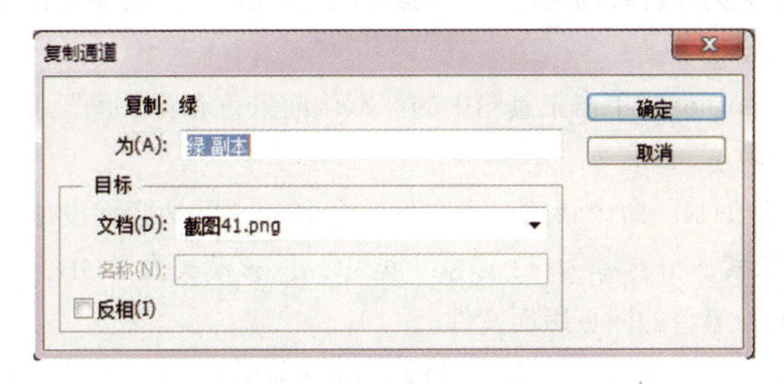

图 6-16　复制通道

如果对图像的有些通道不满意，可以删除通道，删除通道的操作比较简单，直接选中要删除的通道，单击调板底部的“删除通道”按钮；也可拖入“删除通道”按钮；也可以右击要删除的通道，选“删除通道”；还可以在调板的菜单中进行删除。

2. 通道的合并与分离

在图像处理的过程中，有时需要把几个不同的通道进行合并，有时需要对一张图像的

通道进行分离，以满足图像制作需求。

合并通道是将多个灰度图像合并成一个图像，用户打开的灰度图像的数量决定了合并通道时可用的颜色模式，不能将从 RGB 图像中分离出来的通道合并成 CMYK 模式的图像。合并通道的操作步骤如下：

（1）打开想要合并的相同尺寸大小的灰度图像。

（2）选择其中的一个作为当前图像。

（3）在灰度图像的通道调板菜单中选择 Merge Channels 命令；就打开了 Merge Channels 对话框。

（4）在对话框的 Mode 选项中选取想要创建的色彩模式，对应的合并通道数显示在 Channels 项文本框中。

（5）单击 OK 按钮，打开对应色彩模式的合并通道对话框。

（6）单击 OK 按钮，所选的灰度图像即合并成一个新图像，原图像被关闭。

分离通道是把一个图像的各个通道分离成几个灰度图像。当图像太大，不便于存储时，可以执行分离通道的操作。图像中存在的 Alpha 通道也将分离出来成为一个灰度图像，当这些灰度图像进行通道合并后，图像将恢复到原来效果。分离通道只需单击通道调板菜单中的 Split Channels 命令即可。

6.2.3 通道编辑的应用方法

下面主要通过案例，讲解通道的基本编辑方法和技巧，了解通道在图像特效处理过程中的应用途径，具体如下：

（1）启动 Photoshop，单击工具箱中的“默认前景色和背景色”工具，设置前景色为白色，背景色为黑色。

（2）执行“Ctrl+N”命令新建一个文件，命名为“网站版面设计与编排”，文件大小为 1024×768 像素，分辨率为 72 像素 / 英寸，色彩模式为 RGB，背景内容选择背景色。新建一个背景为黑色的网页版面文件。

（3）在文件中显示标尺，设置参考线，设置前景色为“#666666”，运用工具箱中的“矩形选框”工具，沿着参考线分别在文件的上部和底部建立 2 个选区，并执行“Alt+Delete”命令用前景色填充选区，设置羽化值为 0，然后取消选择，效果如图 6-17 所示。

（4）执行打开文件命令，从素材库中打开 sucai 2.psd 文件，运用工具箱中的移动工具，把 sucai 2.psd 文件中的图案移到网站版面设计与编排文件中，并对图案的大小和位置进程适当地调整；在图层面板中设置图案所在的图层填充值为 50%，效果如图 6-17 所示。

图 6-17　填充与设置背景图案

（5）从素材库中打开 sucai 1.jpg 文件，如图 6-18 所示。在图层面板双击背景图层，把素材文件的“背景图层”转化为普通图层“图层 0”。执行“编辑—变换—水平翻转”命令翻转图像，如图 6-19 所示。

（6）从工具面板中选择“钢笔工具”，在工具属性的“形状图层”“路径”和“填充像素”三个选项中选择“路径”。沿着人物图像的边缘绘制路径，其中头发边缘预留一定的宽度，如图 6-20 所示。

图 6-18　原图

图 6-19　翻转后的图像

图 6-20　选择对象

（7）在路径面板底部单击“将路径作为选区载入”选项，把路径转化为选区。然后在图层面板，将人物头像所在的图层“图层 0”进行复制，形成“图层 0 副本”图层。选择“图层 0 副本”图层，如图 6-21 所示。在图层面板底部选择“添加图层蒙版”命令为“图层 0 副本”添加蒙版。图像效果如图 6-22 所示。

（8）执行“Ctrl+D”命令取消选择状态。选择“图层 0”为当前工作图层。单击通道面板，将红色通道拖到通道面板底部的“创建新通道”按钮上，复制红色通道为“红 副本”，如图 6-23 所示。

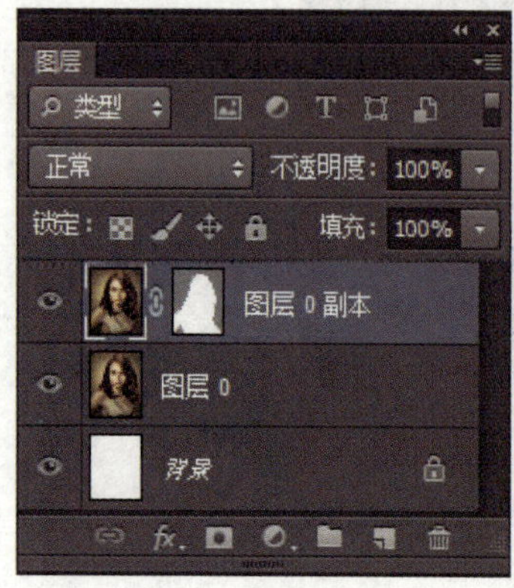

图 6-21　添加图层蒙版

图 6-22　添加蒙版后的图像

图 6-23　复制红色通道

（9）选择“红 副本”通道为当前工作通道，执行菜单中“图像—调整—色阶”命令。输入色阶参数分别设置为 80、0.51、116，如图 6-24 所示。

（10）选择工具箱中的“画笔工具”，操作过程中根据需要调整画笔大小。将图像中头发以外的部分用白色填充，头发部分用黑色填充，如图 6-25 所示。

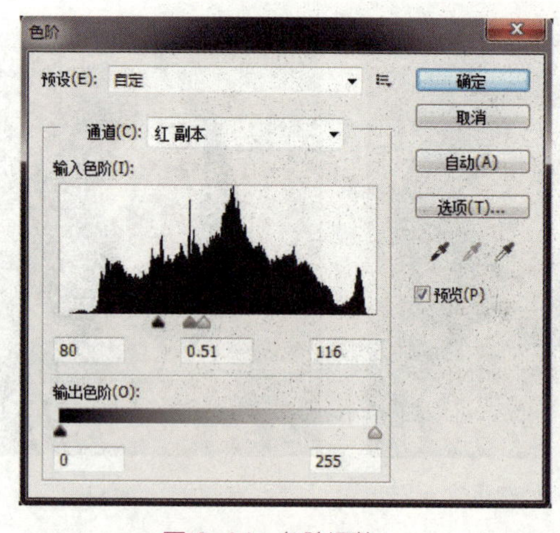

图 6-24　色阶调整

图 6-25　画笔修饰

（11）执行“图像—调整—反相”命令，然后单击通道面板底部的“将通道作为选区载入”按钮，把通道转化为选区，如图 6-26 所示。

（12）保留选区，在通道面板中单击 RGB 通道，回到图层面板，确定当前工作图层为“图层 0”。单击图层面板底部的“添加图层蒙版”按钮。执行“Ctrl+E”命令向下合并图层，完成人物头像的选择，如图 6-27 所示。

图 6-26　反相操作

图 6-27　删除背景

（13）选择网站版面设计与编排文件为当前工作文件，用移动工具将选择的人物头像移到文件中，并进行适当地大小、位置调整，效果如图 6-28 所示。

图 6-28　移动人物头像到文件中

（14）在人物头像所在图层的上方建立一个新图层，设置前景色为黑色。从工具箱中选择“渐变工具”，设置渐变为从前景色到透明的线性渐变，在文件中进行渐变填充，效果如图 6-29 所示。

图 6-29　调整图像

（15）运用工具箱中的文字工具，在文件中单击，分别输入两个单行文本，字体设置为“Arial bold”，颜色为白色，大小分别为 57 点和 77 点，对齐编辑两个单行文本，调整到合适的位置，如图 6-30 所示。

图 6-30　输入文本

（16）继续应用文本工具在版面中进行文字编排，字体设置为“方正兰亭特黑简体”，颜色为白色，大小为 16 点，设置行距为 14 点。分别设置适当的段落对齐方式，效果如图 6-31 所示。

图 6-31　输入段落文本

（17）接下来制作版面的导航图标。首先用文本工具输入大写的文本，字体设置为“Arial Regular”，文字均为大写，文字颜色为“#cccccc”，并进行大小和位置的设计，同时运用“画笔工具”，笔刷大小为 1 个像素，用“#cccccc”颜色绘制两条直线，最后改变最上面的文字颜色，效果如图 6-32 所示。

图 6-32　制作导航图标

（18）继续用文字工具输入导航文字，字体设置为“Arial Regular”，颜色为“#cccccc”，大小为 16 点。在图层中创建图层组，把导航文字放在同一个组中，文字排列要求水平中心对齐，间隔均匀，效果如图 6-33 所示。

图 6-33　编辑导航文本

（19）根据上面练习的方法和原理制作版面的底部。首先用文字工具建立段落文本，并调整到合适的大小和位置；打开素材文件 sucai 3.jpg，用移动工具和“Ctrl+T”工具对图片进行编辑操作，如图 6-34 所示。

图 6-34　制作版面的底部

（20）继续把素材文件 sucai 4.jpg、sucai 5.jpg、sucai 6.jpg 三个文件导入页面中，用移动工具和“Ctrl+T”工具对图片进行编辑操作，要求大小一致，排列整齐均匀。最后对整个版面做简单的修饰，完成版面的设计与制作工作。最终效果如图 6-35 所示。

图 6-35　最终效果图

6.3 通道的混合应用

6.3.1　应用图像

通过应用图像可以将源图像中的一个或多个通道进行编辑运算，然后将编辑后的效果应用于目标图像，从而创造出多种合成效果。执行“图像—应用图像”命令打开应用图像对话框，如图 6-36 所示。应用图像包括以下选项：

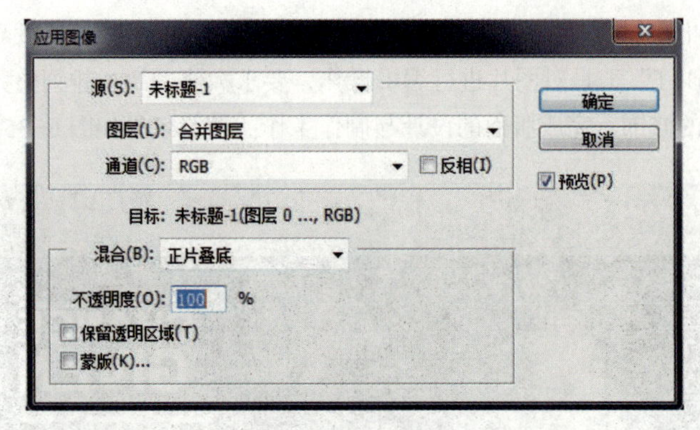

图 6-36　应用图像

源（Source）： 可以在其下拉列表中选择一幅图像与当前图像混合，该项默认是当前图像。

图层（Layer）： 设置源图像中的哪一层来进行混合，如果不是分层图，则只能选择背景层，如果是分层图，在图层的下拉菜单中会列出所有的图层，并且有一个合并选项，选择该项即选中了图像中的所有图层。

通道（Channel）： 该选项用于设置源图像中的哪一个通道进行运算，后面的反相会将源图像进行反相，然后再混合。

混合（Blending）： 设置混合模式，具体见图层的应用部分。

不透明度（Opacity）： 设置混合后图像对源图像的影响程度。

保留透明区域（Preserve Transparency）： 选此项后，会在混合过程中保留透明区域。

蒙版（Mask）： 用于蒙版的混合，以增加不同的效果。

6.3.2　通道的混合运算

通道的混合运算就是把一个或多个图像中的若干个通道进行合成计算，以不同的方式进行混合，得到新图像或新的通道。通道的混合运算包括应用图像和运算两个命令，应用图像前面已经介绍，这里主要讲解运算功能。

（1）通道运算。 在 Photoshop 中选择区域间可以有相加、相减、相交等不同的运算方法。Alpha 通道实际上是存储起来的选择区域，同样能够利用运算的方法来实现各种复杂的图像效果，制作出新的选择区域形状，通道的混合运算就能实现这一功能。通道的混合运算是把两个不同的通道通过图像混合生成新的通道、新的选区。可以混合两个来自一个或多个源图像的单个通道。可以将结果应用到新图像或新通道，或现有图像的选区。不

能对复合通道应用“计算”命令。执行“图像—计算”命令，打开计算对话框，有如图 6-37 所示的选项：

图 6-37　计算

源：有源 1 和源 2 两个图像源，选取第一个源图像、图层和通道，可以在其下拉列表中选择一幅图像与当前图像混合，该项默认是当前图像。选择“反相”在计算中使用通道内容的负片。

图层：设置源图像中的哪一层来进行混合，如果不是分层图，则只能选择背景层；如果是分层图，在图层的下拉菜单中会列出所有的图层，并且有一个合并选项，选择该项即选中了图像中的所有图层。

通道：该选项用于设置源图像中的哪一个通道进行运算，后面的反相会将源图像进行反相，然后再混合。

混合：设置混合模式，具体见图层的应用部分。

不透明度：设置混合后图像对源图像的影响程度。

保留透明区域：选择此项后，会在混合过程中保留透明区域。

蒙版：用于蒙版的混合，以增加不同的效果。

计算对话框与应用图像命令基本相同。通道源有两个源（Source）1 与源（Source）2，两个通道计算后的结果体现在“结果”栏目中，在结果（Result）下拉列表中，有三个选项，分别是新建文件，新通道以及选区，可以将图像的计算结果保存到新建文件，新通道以及转化为选区。

（2）“相加”和“减去”混合模式。“相加”和“减去”混合模式只在“应用图像”和“计算”命令中可用。

相加：增加两个通道中的像素值。这是在两个通道中组合非重叠图像的好方法。因为较高的像素值代表较亮的颜色，所以向通道添加重叠像素将使图像变亮。两个通道中的黑色区域仍然保持黑色（0 + 0 = 0）。任一通道中的白色区域仍为白色（255 + 任意值 = 255 或更大值）。

“相加”模式用“缩放”量除像素值的总和，然后将“位移”值添加到此和中。例如，如果需要查找两个通道中像素的平均值，应先将它们相加，再用 2 除且不输入“补偿值”。

“缩放”因数可以是介于 1.000 和 2.000 之间的任何数字。输入较高的“缩放”值将使图像变暗。

“补偿值”可以通过任何介于+255 和−255 之间的亮度值使目标通道中的像素变暗或变亮。负值使图像变暗，而正值使图像变亮。

减去：从目标通道中相应的像素上减去源通道中的像素值。在“相加”模式中，此结果将除以“缩放”因数并添加到“补偿值”。

“缩放”因数可以是介于 1.000 和 2.000 之间的任何数字。可以使用“位移”值，通过任何介于 +255 和 −255 之间的亮度值使目标通道中的像素变暗或变亮。

6.3.3 通道的混合应用方法

前面讲解了通道的功能和用途、专色通道的性质和作用、通道的混合运算技术、“相加”和“减去”混合模式等内容，下面讲解通道运算在图像特效处理过程中的应用途径，具体如下：

（1）执行“文件—打开”命令，打开四张要合成的图像，分别如图 6-38（img006.jpg）、图 6-39、图 6-40、图 6-41 所示。

（2）在如图 6-38 所示的图片 1 中，选择通道调板，在通道调板底部单击三次建立新通道命令，建立三个 Alpha 通道，即 Alpha1、Alpha2、Alpha3。

图 6-38　图片 1

图 6-39　图片 2

图 6-40　图片 3

图 6-41　图片 4

（3）分别选择图 6-39、图 6-41、图 6-42，依次执行 Ctrl+A（全部选择）与 Ctrl+C（复制）命令，将三张图片分别复制并粘贴到 Alpha1、Alpha2、Alpha3 通道中。双击图 6-38 的背景图层，将其背景图层转化为“图层 0”，根据情况需要时可以复制出“图层 0”副本。

（4）执行图像菜单下的计算命令，打开计算对话框，设置如图 6-42 所示。

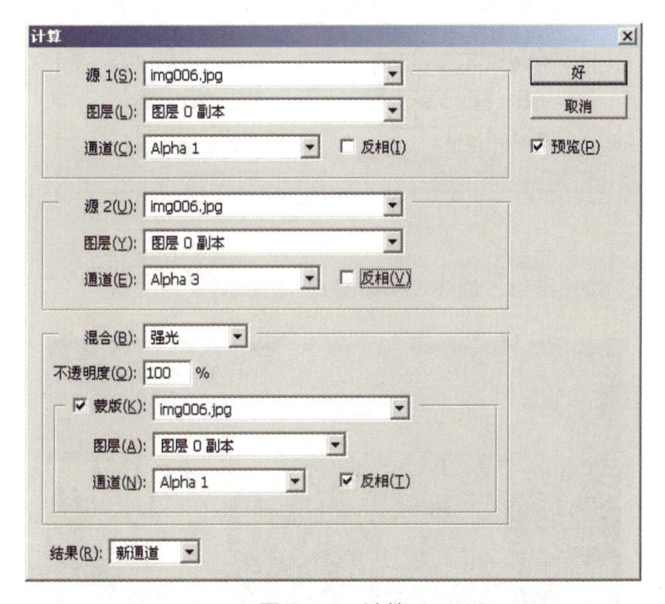

图 6-42　计算

（5）执行图像菜单中的应用图像命令，对上一步操作中生成的新通道 Alpha4 进行应用图像处理，具体选项设置如图 6-43 所示。

（6）接下来再执行图像菜单中的应用图像命令，设置如图 6-44 所示。

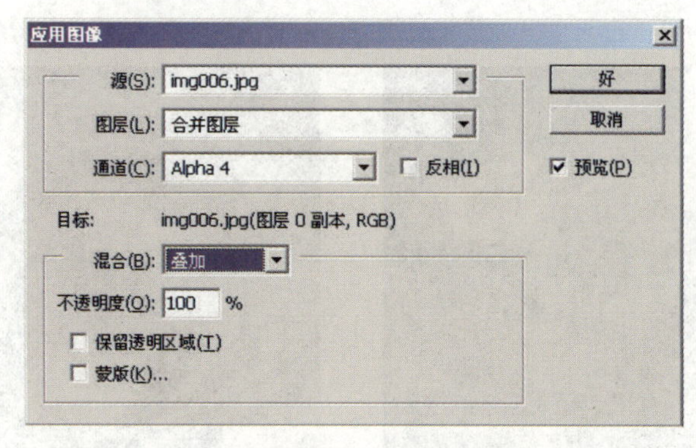

图 6-43 设置 Alpha 4 通道

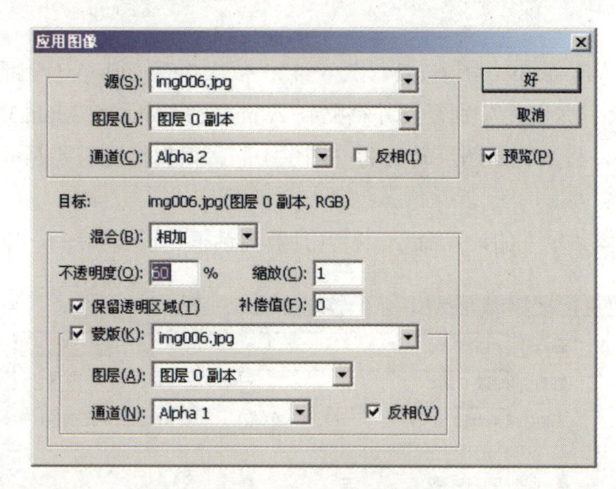

图 6-44 应用图像

（7）按“好”按钮结束，最终效果如图 6-45 所示。

图 6-45 最终效果

6.4 蒙版及其应用

6.4.1　蒙版的概念

1. 蒙版的基本知识

图像处理中的蒙版是一个比较难理解的概念，蒙版（Mask）实际上是绘画与摄影专业的专用名词，它的作用是为了对绘画和照片的一部分图像进行编辑时保护不需要编辑的部分。Photoshop 在进行图像处理时，允许用户在图像上创建并使用蒙版，从而保护图像某一特定的区域。所以蒙版可以简单地理解为蒙在图像上的一层“版”。当图像创作人员要给图像的某些区域应用颜色变化、滤镜和其他变化效果时，蒙版可以隔离和保护图像的其余区域。这与选择有点类似，当选择了部分图像时，没有被选择的区域“被蒙版”或被保护而不能编辑。蒙版是用 8 位灰度通道存放的，它可以用所有的绘画工具和编辑工具调整和编辑，也可以执行滤镜、旋转、变形等，能创建复杂蒙版转化为选区后应用到图像中。Photoshop 为用户提供了三种建立蒙版的方式：Quick Mask（快速蒙版）、Alpha 通道蒙版和图层蒙版。下面介绍一下快速蒙版。

2. 快速蒙版

快速蒙版与 Alpha 通道蒙版都是用来保护图像区域的，但快速蒙版只是一种临时蒙版，不能重复使用，Alpha 通道蒙版可以作为 Alpha 通道保存在图像中，应用比较方便。建立快速蒙版比较简单：打开一幅图像，使用工具箱中的选择工具，在图像中选择要编辑的区域，在工具箱中单击 Edit in Quick Mask Mode（以快速蒙版模式编辑）按钮，则在所选的区域以外的区域蒙上一层色彩，快速蒙版模式在默认情况下是用 50%的红色来覆盖，如图 6-46 所示。

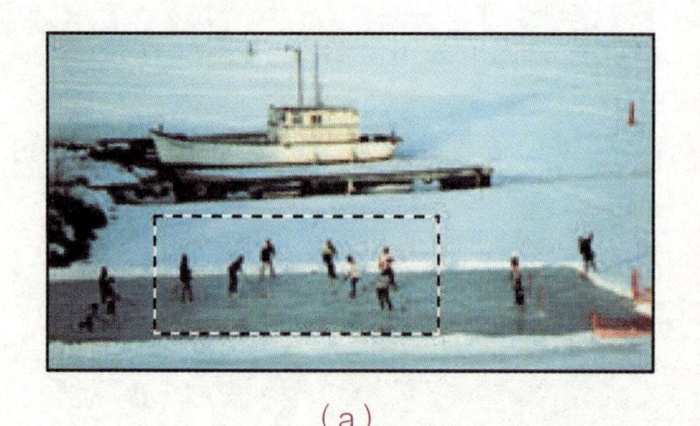

（a）

（b）

图 6-46　选区与快速蒙版

在快速蒙版下，可以使用绘图工具编辑蒙版来完成选择的要求；用橡皮擦工具将不需要的选区删除；用画笔工具或其他绘图工具将需要选择的区域填上颜色，这样基本上就能准确地选择所需要的图像。

设置快速蒙版选项

6.4.2　蒙版的应用

以上面的知识为基础，接下来讲解蒙版的应用方法，具体如下：

（1）创建一个新文件，命名为“网站登录界面设计”，大小为 1024×768 像素，分辨率为 72 像素 / 英寸，RGB 色彩模式。

（2）在工具箱中，设置前景色为“#c0c0c0”，执行“Ctrl+A”命令全部选择文件，在背景图层执行“Alt+Delete”命令填充前景色。设置参考线，根据标尺上的刻度设置四条参考线，在文件的中央形成一个矩形，同时设置一条横向的中心对称线，如图 6-47 所示。

图 6-47　设置参考线

（3）从工具箱中选择“矩形选框工具”，设置羽化值为 0，选中“消除锯齿”选项。沿着参考线建立一个矩形选区。设置前景色为 RGB（50、55、61），在图层面板创建一个新图层，执行“Alt+Delete”命令将矩形选区用前景色填充，如图 6-48 所示。

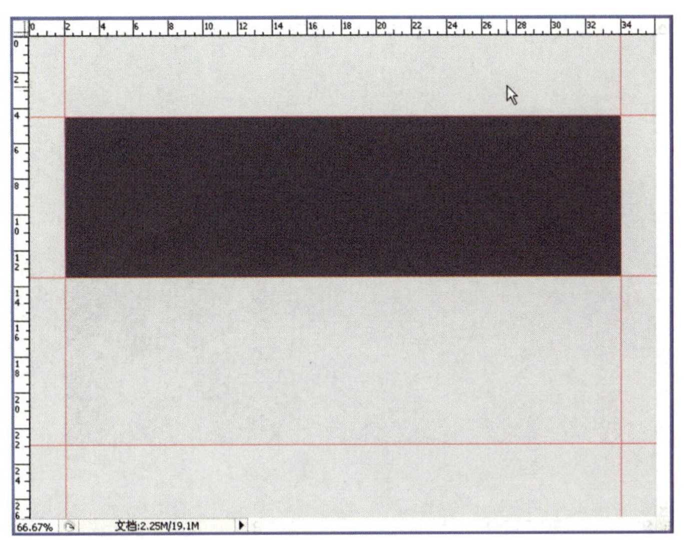

图 6-48　图层填充

（4）从工具箱中选择“矩形选框工具”，设置羽化值为 0，选中消除锯齿选项。沿着下面的两条参考线建立一个矩形选区。设置前景色为 RGB（147、147、147），设置背景色为 RGB（50、55、61）。选取“渐变工具”，设置渐变方式为“线性渐变”，渐变颜色为“从前景色到背景色”，对矩形选区进行渐变填充，如图 6-49 所示。

图 6-49　渐变填充

（5）从工具箱中选择“圆角矩形工具”，在工具属性栏中设置当前选项为“填充像素”，设置圆角半径为 30 像素，模式为“正常”，前景色任意设置。创建一个新图层，在新图层中绘制一个圆角矩形，命名为“圆角矩形 1”，如图 6-50 所示。

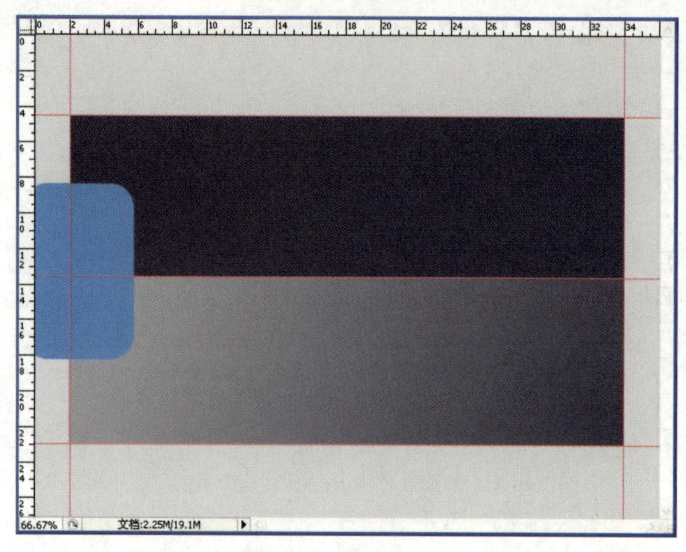

图 6-50　绘制圆角矩形 1

（6）在图层面板中，将圆角矩形所在的图层复制 5 个副本，并分别以“圆角矩形 2”至“圆角矩形 6”命名。

（7）在面板中显示色板面板，从色板面板右上角的菜单中选择“复位色板”命令，使色谱复位。然后再选择“WEB 色谱”，在弹出的对话框中选择“追加”。

（8）确定当前工作图层为“圆角矩形 1”图层，按住 Ctrl 键单击“图层缩览图”区，使得圆角矩形处于被选择状态，并在色板中选取“#3333FF”颜色为前景色，填充圆角矩形，并删除圆角矩形不需要的部分，如图 6-51 所示。

（9）确定当前图层为“圆角矩形 1”图层，在图层样式面板中选择“蓝色胶体”样式应用于“圆角矩形 1”图层，双击图层打开图层样式参数设置，在“斜面与浮雕”参数中方向设置为向下，效果如图 6-52 所示。

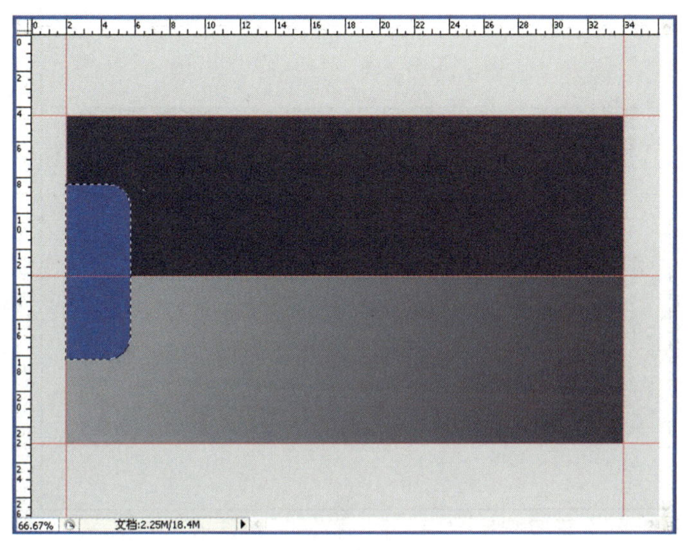

图 6-51 编辑圆角矩形 1

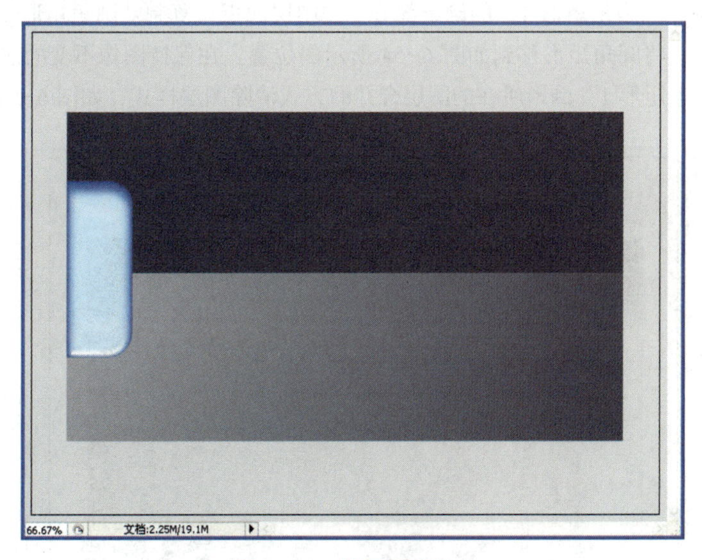

图 6-52 设置图层样式

（10）在“圆角矩形 1”图层上方新建一个图层，运用“自定义形状工具”，形状选择“箭头 7”，绘制一个箭头，如图 6-53 所示调整编辑箭头的形状和位置。在样式面板中选择“拉丝光面金属”样式，添加“颜色叠加”选项，设置颜色为“#99CCFF”，效果如图 6-53 所示。

图 6-53　创建图标

（11）制作"圆角矩形 1"的倒影部分。在图层面板，复制"圆角矩形 1"所在的图层，用移动工具将圆角矩形移到如图 6-54 所示的位置。在保持图像不变的前提下，用新建图层与"圆角矩形 1"倒影所在的图层合并的方式清除图层样式，如图 6-54 所示。

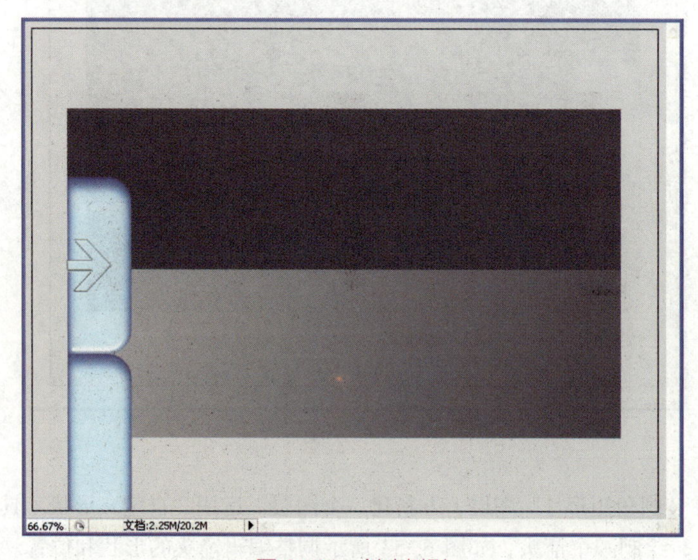

图 6-54　创建倒影

（12）执行“编辑—变换—垂直翻转”命令，将图像翻转，同时用选择工具和 Delete 命令删除不必要的部分，结果如图 6-55 所示。

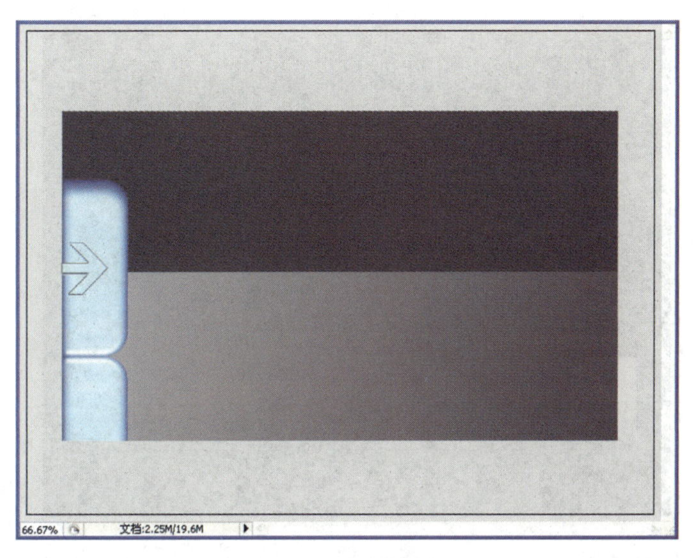

图 6-55 编辑倒影

（13）选择倒影部分的图像，在通道面板，执行通道面板底部的“将选区存储为通道”命令。选择渐变工具，前景色设置为黑色，用黑色到透明的方式，在通道选区中进行线性渐变，如图 6-56 所示。

图 6-56 编辑通道

（14）执行“Ctrl+D”命令取消选区。执行在通道面板底部的“将通道转化为选区”命令把渐变编辑的填充区域重新转化为选区，如图 6-57 所示。

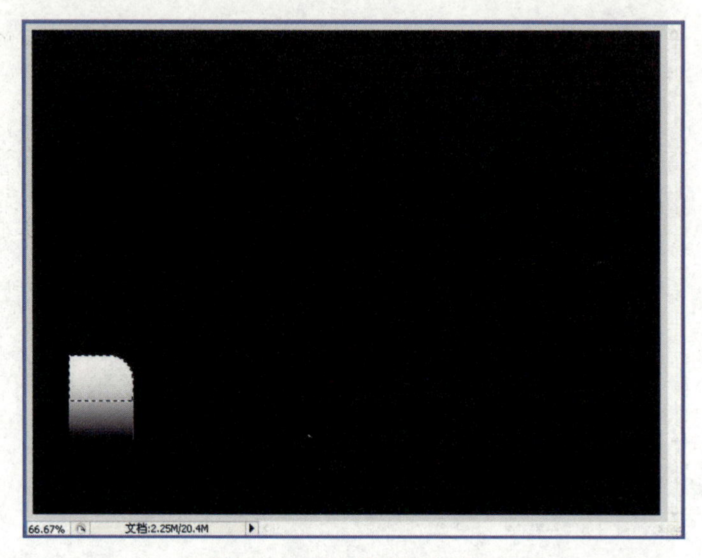

图 6-57　将通道转化为选区

（15）保持选区不变，单击 RGB 通道，选择图层面板，确认当前图层为倒影所在的图层。执行图层面板底部的“添加矢量蒙版”命令，完成倒影的制作，如图 6-58 所示。

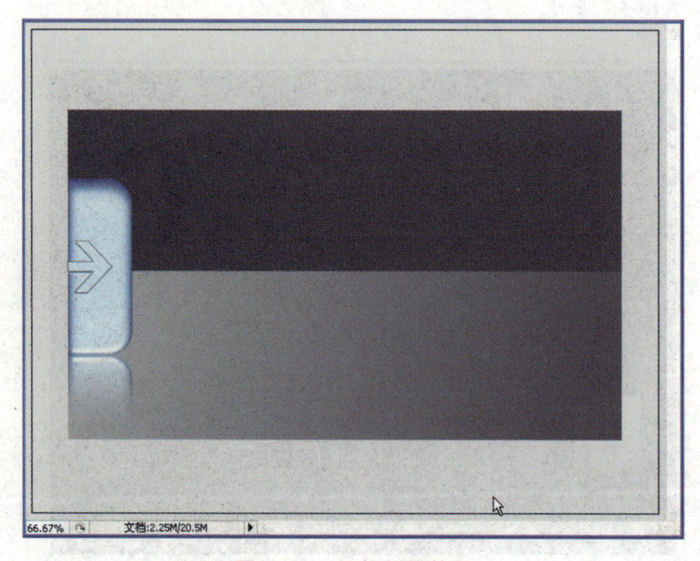

图 6-58　添加矢量蒙版

（16）使用制作“圆角矩形 1”同样的方法和思路制作第 6 步复制出来的“圆角矩形

2”，选择“圆角矩形 2”所在的图层，应用图层样式为“黄色胶体”，在图层面板上设置填充为 100%。在图层样式中调整“光泽—颜色叠加”选项中的色彩为“#CCFF33”，要求从色板中选取。同样调整浮雕的方向为向下，如图 6-59 所示。

图 6-59　编辑圆角矩形 2

（17）为“圆角矩形 2”创建图标和倒影，自定义形状工具中应用“信封 2”形状，设置图层样式并进行适当地调整，用上面相同的通道与蒙版技术创建“圆角矩形 2”倒影。效果如图 6-60 所示。

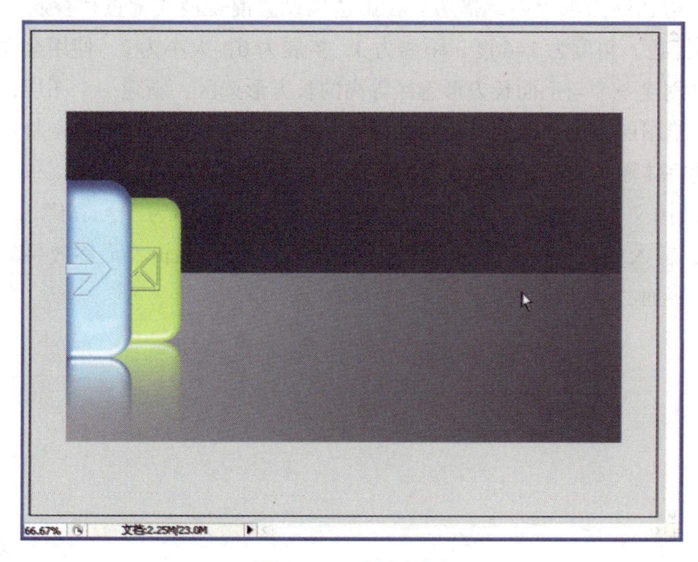

图 6-60　创建倒影

（18）用相同的方法和技巧分别为“圆角矩形 3”“圆角矩形 4”“圆角矩形 5”“圆角矩形 6”设置图层样式，选择合适的颜色，调整图层样式；选择不同的形状设计每个圆角矩形的图标，为每个圆角矩形制作倒影，颜色和形状可以自定。效果如图 6-61 所示。

图 6-61　编辑其他圆角矩形

（19）使用“矩形选框工具”，设置羽化值为 0，创建两个一样大小的长方形矩形选区，新建一个图层，用白色填充两个长方形选区，取消选择，创建图层样式，设置投影与描边，其中描边选项为黑色内部描边；投影选项设置混合模式为正片叠底，不透明度为 75%，颜色为黑色，角度为 146 度，距离为 3，扩展为 0，大小为 2，使用全局光。

（20）再创建一个与上面长方形选区等高的长方形选区，新建一个图层，用白色填充并取消选区。给图层添加“渐变蓝色枕状浮雕”样式，对样式做适当地调整，运用文字工具选择合适的字体输入文本，如图 6-62 所示。

（21）选择文本工具，在整个版面中输入文本，字体为“Arial”，字体颜色为“#cccccc”，输入如图 6-63 所示文本，并进行大小位置编辑，最终效果如图 6-63 所示，完成登录界面的设计与制作。

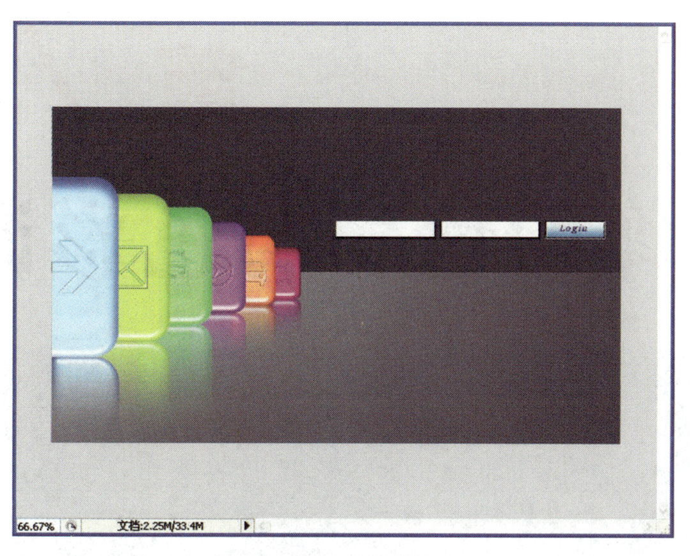

图 6-62　图标制作

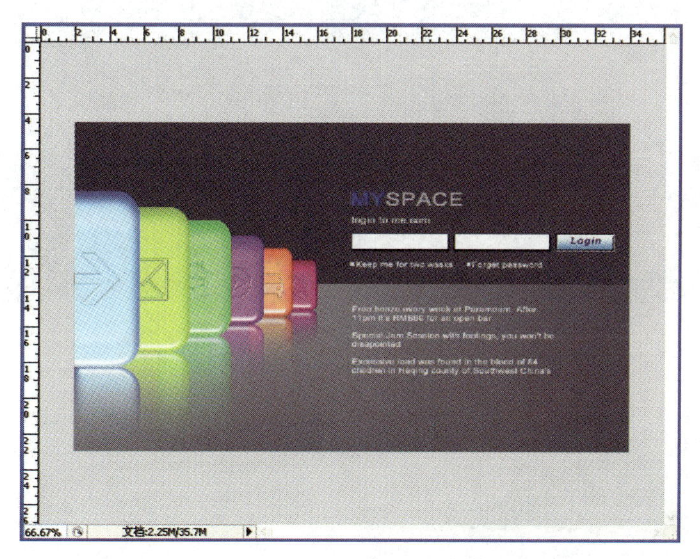

图 6-63　完成的效果

第7章 图像的色彩与色彩调整

7.1 图像色彩调整基础

色彩的基础知识

颜色的基本属性

7.1.1　色彩模式的转换

在 Photoshop 中，可以自由地转换图像的各种色彩模式，但是由于不同的色彩模式所包含的颜色范围不同，以及各自特性存在差异，因而在转换时或多或少会产生一些数据的丢失。此外，色彩模式与输出设备也息息相关，因而在进行模式转换时，就应该考虑到这些问题，尽量做到按照需求，适当谨慎地处理图像色彩模式，避免产生不必要的损失，以获得高效率、高品质的图像。

1. 色彩模式转换注意问题

在选择使用色彩模式时，通常要考虑以下四个方面的问题：

（1）图像输出和输入方式：输出方式就是图像是以什么方式输出，若以印刷输出则必须使用 CMYK 色彩模式存储图像，若只是在屏幕上显示则以 RGB 色彩模式或索引色彩模式输出较多。输入方式是指在扫描输入图像时以什么模式存储，通常使用的是 RGB 色彩模式，因为该模式有较广阔的颜色范围和操作空间。

（2）编辑功能：在选择模式时，需要考虑到在 Photoshop 中能够使用的功能，例如 CMYK 色彩模式的图像不能使用某些滤镜，位图模式下不能使用自由旋转、图层功能等。所以，在编辑时可以选择 RGB 色彩模式来操作，完成编辑后再转换为其他模式进行保存。这是因为 RGB 图像可以使用所有滤镜和其他 Photoshop 的所有功能。

（3）颜色范围：不同模式的颜色范围也是不一样的，所以编辑时可以选择颜色范围较广的 RGB 色彩模式和 Lab 色彩模式，以获得最佳的图像效果。

（4）文件占用的内存和磁盘空间：不同模式保存的文件的大小是不一样的，索引色彩模式的文件大约是 RGB 色彩模式文件的 1～3 倍，而 CMYK 色彩模式的文件又比 RGB 色彩模式大得多。而文件越大所占用的内存越多，因此为了提高工作效率和操作需要，可以选择文件较小的模式，但同时还应该考虑到上述三个方面，比较而言，RGB 色彩模式是最佳选择。

2. 各种色彩模式之间的转换

（1）将彩色图像转换为灰度模式。将彩色图像转换为灰度模式时，Photoshop 会扔掉原图中所有的颜色信息，而只保留像素的灰度级。灰度模式可作为位图模式和彩色模式间相互转换的中介模式。

（2）将其他模式的图像转换为位图模式。将图像转换为位图模式会使图像颜色减少到两种，这样就大大简化了图像中的颜色信息，并减小了文件大小。要将图像转换为位图模式，必须首先将其转换为灰度模式。这会去掉像素的色相和饱和度信息，而只保留亮度值。但是，由于只有很少的编辑选项能用于位图模式图像，所以最好是在灰度模式中编辑图像，然后再转换它。

在灰度模式中编辑的位图模式图像转换回位图模式后，看起来可能不一样。例如，在位图模式中为黑色的像素，在灰度模式中经过编辑后可能会成为灰色。如果像素足够亮，当转换回位图模式时，它将成为白色。

（3）将其他模式转换为索引色彩模式。在将彩色图像转换为索引色彩模式时，会删除图像中的很多颜色，而仅保留其中的 256 种颜色，即许多多媒体动画应用程序和网页所支持的标准颜色数。只有灰度模式和 RGB 色彩模式的图像可以转换为索引色彩模式。由于灰度模式本身就是由 256 级灰度构成，因此转换为索引色彩模式后无论颜色还是图像大小都没有明显的差别。但是将 RGB 色彩模式的图像转换为索引色彩模式后，图像的尺寸将明显减少，同时图像的视觉品质也将多少受损。

（4）将 RGB 色彩模式的图像转换成 CMYK 色彩模式。如果将 RGB 色彩模式的图像转换成 CMYK 色彩模式，图像中的颜色就会产生分色，颜色的色域就会受到限制。因此，如果图像是 RGB 色彩模式的，最好选在 RGB 色彩模式下编辑，然后再转换成 CMYK 色彩模式的图像。

（5）用 Lab 色彩模式进行模式转换。在 Photoshop 所能使用的颜色模式中，Lab 色彩模式的色域最宽，它包括 RGB 色彩模式和 CMYK 色彩模式色域中的所有颜色。所以使用 Lab 色彩模式进行转换时不会造成任何色彩上的损失。Photoshop 便是以 Lab 色彩模式作为内部转换模式来完成不同颜色模式之间的转换。例如，在将 RGB 色彩模式的图像转换为 CMYK 色彩模式的图像时，计算机内部首先会把 RGB 色彩模式的图像转换为 Lab 色彩模式的图像，然后再将 Lab 色彩模式的图像转换为 CMYK 色彩模式的图像。

（6）将其他模式转换成多通道模式。多通道模式可通过转换颜色模式和删除原有图像的颜色通道得到。

将 CMYK 色彩模式的图像转换为多通道模式可创建由青、洋红、黄和黑色专色（专色是特殊的预混油墨，用来替代或补充印刷四色油墨；专色通道是可为图像添加预览专色的专用颜色通道）构成的图像。

RGB 色彩模式的图像转换成多通道模式可创建青、洋红和黄专色构成的图像。

从 RGB 色彩模式、CMYK 色彩模式或 Lab 色彩模式的图像中删除一个通道，Photoshop 会自动将图像转换为多通道模式。原来的通道被转换成专色通道。

7.1.2　图像的色调调整

1. 色阶与自动色阶

色阶是指图像中颜色或者颜色中某一个组成部分的亮度范围。在“图像—调整”子菜单中提供了两个命令来调整图像的色阶：色阶（L），快捷键是“Ctrl+L”；自动色阶，快捷键是“Shift+Ctrl+L”。当使用自动色阶命令时，系统不会显示任何对话框，而只以默认的值来调整图像颜色的亮度。一般说来，这种调整只能是对该图像所有颜色来进行，而不能只针对某一种色彩来调整。例如，打开一个文件，如图 7-1 所示，使用自动色阶“Shift+Ctrl+L”命令对其进行调整，如图 7-2 所示。

图 7-1　自动色阶前

图 7-2　自动色阶后

色阶命令能够精确地用手工进行调整色阶。执行色阶命令后，会打开色阶对话框，如图 7-3 所示。

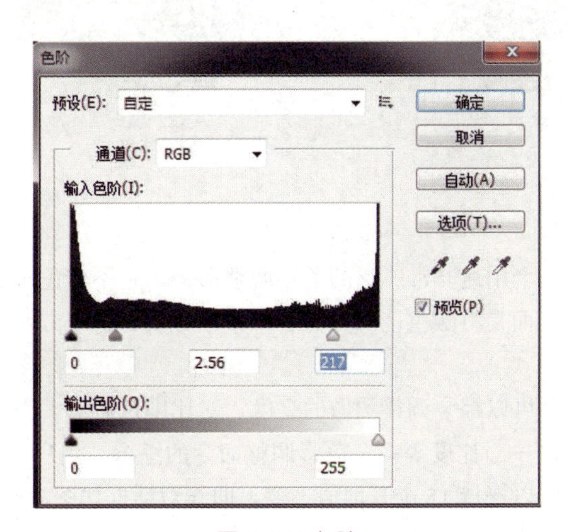

图 7-3　色阶

使用色阶对话框中的选项能够修改图像的最亮处、最暗处及中间色调，使用吸管工具可以精确地读出每个位置在变化前后的色调值。色阶对话框中各选项含义如下：

（1）通道：该列表框中包括了所使用的色彩模式以及各种原色通道。默认时图像应用 RGB 色彩模式，可以选择 RGB 色彩模式、红色通道，绿色通道和蓝色通道。在这里所做的选择直接影响到色阶对话框的其他选项。

（2）输入色阶（I）：该参数主要用来指定通道下图像的"最暗处""中间色调""最亮处"的值，输入的数值直接影响着色调分布图中三个滑块的位置。

（3）色阶分布图：用以显示图像中明、暗色调的分布示意图。根据在通道选项中选择的颜色通道的不同。该示意图会有不同的显示。

（4）最暗色调控制滑块：该滑块主要用来调整图像中最暗处的值。默认时，该滑块位于最左端，向右拖动会使图像的颜色变暗。

（5）中间色调控制滑块：用以调整图像的中间色调的值。默认时，该滑块位于中间位置，向左拖动可以增加图像的亮度，向右拖动则会使图像变暗。

例如，打开一个文件，如图 7-4 所示，对图像色阶进行调整，如图 7-5 所示。

图 7-4　图像色阶调整前的效果

图 7-5　图像色阶调整后的效果

2. 曲线调整

曲线调整命令是一个用途非常广泛的色彩调整命令。它不像色阶对话框那样只用了三个控制点来调整颜色，而是将颜色范围分为若干个小方块，每个方块都能够控制一个亮度层次的变化。

利用曲线调整命令可以综合调整图像的亮度、对比度色彩等。因此，该命令实际上是反相、色调分离、亮度—对比度等多个色彩调整命令的综合，用户可以调整 0 ~ 255 范围内的任意点，同时又可以保持 15 个其他值不变。曲线对话框如图 7-6 所示。

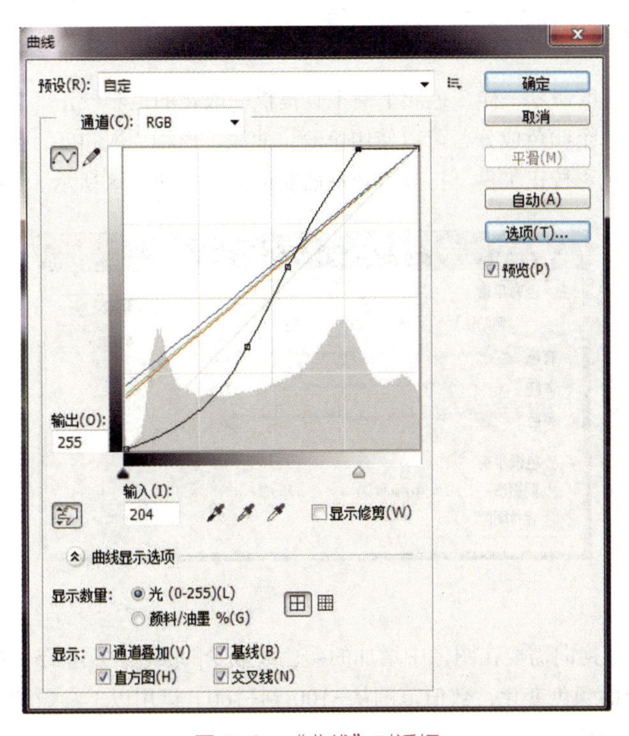

图 7-6　“曲线”对话框

3. 亮度与对比度命令

亮度 / 对比度命令是对图像的色调范围进行简单调整的最简单方法，与曲线和色阶不同，该命令一次调整图像中所有像素的高光、暗调和中间调。另外，亮度 / 对比度对话框命令对单个通道不起作用，建议不要用于高精度输出。

执行亮度 / 对比度命令，打开亮度 / 对比度对话框，拖移滑块以调整亮度和对比度，如图 7-7 所示。向左拖移会降低亮度和对比度，向右拖移则会增加亮度和对比度。每个滑块右侧的数字显示亮度或对比值，数值的范围为-100 到+100。对比度命令自动映射图像中和最亮的像素为白和黑，使得高光更亮而阴影更黑。自动调整对比度时，Photoshop 忽略图像中黑白像素前 0.5%的范围，颜色值的这种裁剪可保证白值和黑值是图像中有代表性的。

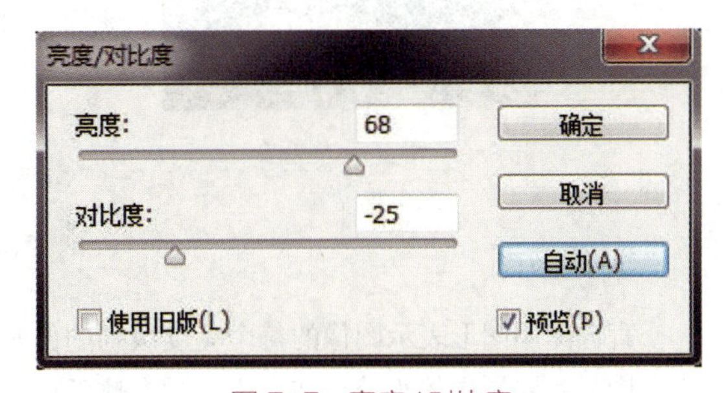

图 7-7　亮度 / 对比度

要自动调整对比度，可以选择执行“图像—调整—自动对比度”命令。

4. 色彩平衡

其他命令

与亮度 / 对比度命令一样，色彩平衡工具提供一般化的色彩校正。如果要想精确控制单个颜色成分，可以使用色阶、曲线、色相 / 饱和度、替换颜色等专门的色彩校正工具。打开色彩平衡对话框，如图 7-8 所示。

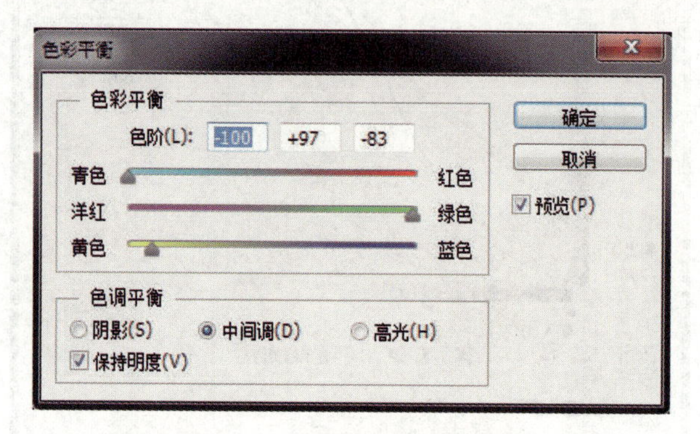

图 7-8 “色彩平衡”对话框

可以将三角形拖向需要在图像中增加的颜色或减少的颜色。颜色条上的值显示红色、绿色和蓝色通道的颜色变化，数值范围从-100 到+100。运用以上参数调整的图像效果如图 7-9、图 7-10 所示。

图 7-9 调整前的图像

图 7-10 调整后的图像

5. 直方图

直方图用图形表示图像的每个亮度级别的像素数量，展示像素在图像中的分布情况。直方图显示阴影中的细节（在直方图的左侧部分显示）、中间调（在中部显示）以及高光（在右侧部分显示）。直方图可以帮助用户确定某个图像是否有足够的细节来进行良好地

校正。

直方图还提供了图像色调范围或图像基本色调类型的快速浏览图。低色调图像的细节集中在阴影处，高色调图像的细节集中在高光处，而平均色调图像的细节集中在中间调处。全色调范围的图像在所有区域中都有大量的像素。识别色调范围有助于确定相应的色调校正、不同曝光度的照片及其直方图信息，如图 7-11 所示。

（a）

（b）

（c）

图 7-11　不同曝光度的直方图

图 7-11 中，（a）为曝光过度照片及其直方图，（b）为正确曝光照片及其直方图，（c）为曝光不足照片及其直方图。在 Photoshop 中，用户可以使用直方图面板察看图像信息，也可以在“图像 / 调整”菜单命令下的色阶和曲线命令查看并调整。

7.1.3　图像的色相调整

1. 色相 / 饱和度

“色相 / 饱和度”命令用来调整图像中单个颜色成分的色相、饱和度和亮度。调整色相或颜色表现为在色轮中移动；调整饱和度或颜色的纯度表现为在半径上移动。也可以使用“着色”选项将颜色添加到已转换为 RGB 色彩模式的灰度图像，或添加到 RGB 色彩模式的图像，通过将颜色值减到一个色相，使其看起来像双色调图像。执行命令打开色相 / 饱和度对话框，如图 7-12 所示。

使用“色相 / 饱和度”命令一般需要以下过程：

（1）执行命令打开“色相 / 饱和度”对话框。在对话框中显示有两个颜色条，它们以各自的顺序表示色轮中的颜色。上面的颜色条显示调整前的颜色，下面的颜色条显示调整如何以全饱和状态影响所有色相。

图 7-12 “色相 / 饱和度”对话框

（2）对于“编辑”选项，选取“全图”可以一次调整所有颜色。如果要调整的颜色选取超出其中的一个预设颜色范围，一个调整滑块会出现在颜色条之间，可以用它来编辑任何范围的色相。

（3）对于“色相”选项，输入一个数值或拖移滑块，直至出现需要的颜色。文本框中显示的值反映像素原来的颜色在色轮中旋转的度数。正值表示顺时针旋转，负值表示逆时针旋转。数值的范围可以从 -180 到 +180。

（4）对于“饱和度”选项，输入一个数值或将滑块向右拖移增加饱和度，向左拖移减少饱和度。颜色相对于所选像素的起始颜色值，从色轮中心向外移动，或从外向色轮中心移动。数值范围可以从 -100 到 +100。

（5）对于“明度”选项，输入一个数值或将滑块向右拖移增加明度，向左拖移减少明度。数值范围可以从 -100 到 +100。

参数调整后的图像效果如图 7-13、图 7-14 所示。

图 7-13 调整前的图像

图 7-14 调整后的图像

2. 替换颜色

“替换颜色”命令基于在图像中取样的颜色，来调整图像的色相、饱和度和明度值。实际上是在图像中基于特定颜色创建蒙版，然后替换图像中的那些颜色，蒙版是暂时的。选取“图像—调整—替换颜色”命令，“替换颜色”对话框如图 7-15 所示。

用替换颜色的参数调整的图像效果如图 7-16、图 7-17 所示。

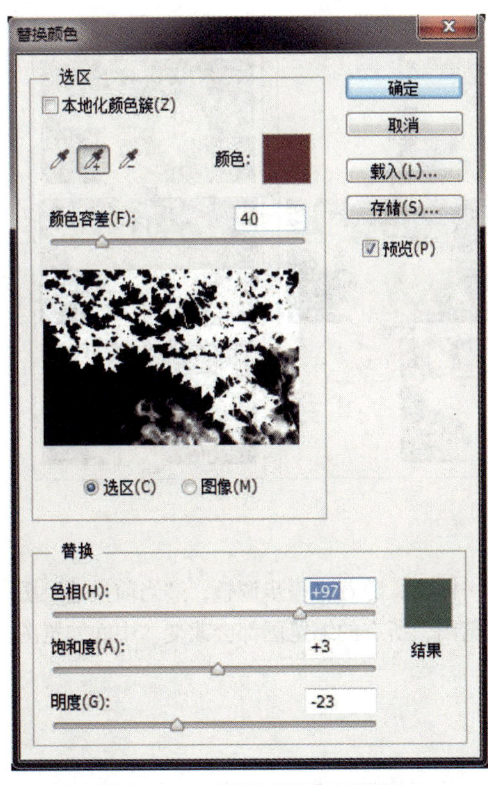

图 7-15　“替换颜色”对话框

图 7-16　调整前的图像

图 7-17　调整后的图像

其中“选区（C）”在预览框中显示蒙版。被蒙版区域是黑色，未蒙版区域是白色。“图像（M）”在预览框中显示图像。在处理放大的图像或仅有有限屏幕空间时，该选项非常有用。通过拖移“颜色容差”滑块或输入一个值来调整蒙版的容差。此选项控制选区中包括哪一种相关颜色的程度。

3. 变化

“变化”命令可以调整图像或选区的色彩平衡、对比度和饱和度，此命令对于不需要精确色彩调整的平均调图最有用，但不能用在索引颜色图像上。

打开“变化”对话框，如图 7-18 所示。对话框顶部的两个缩览图显示调整前和调整后的图像。

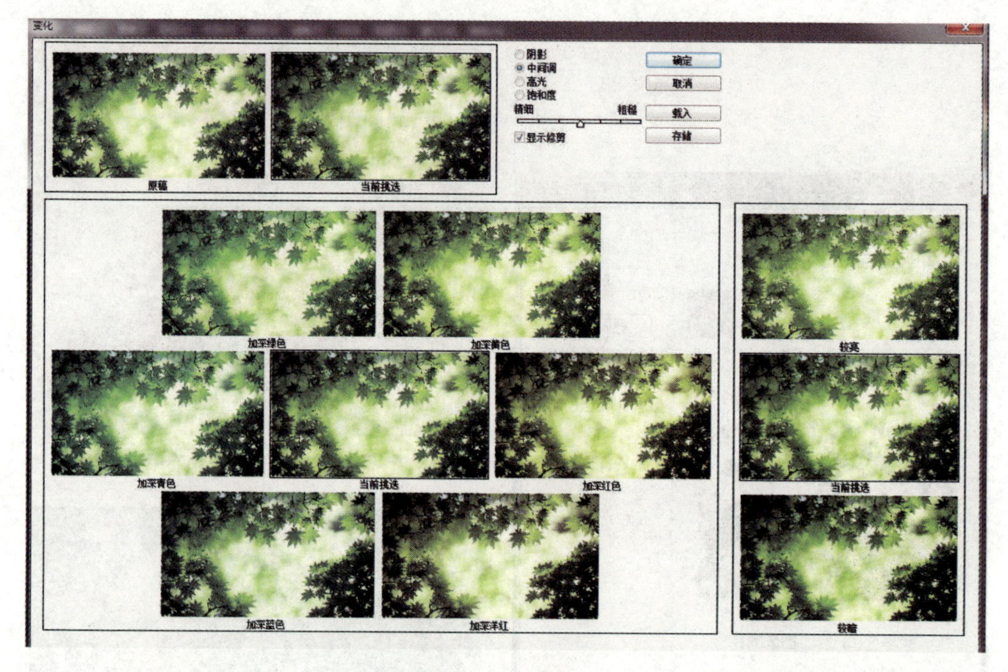

图 7-18　变化

在第一次打开该对话框时，这两个图像是一样的。随着进一步调整，“当前挑选”图像会改变以反映操作的设置。每次单击一个缩览图，所有的缩览图都会改变。中间缩览图总是反映当前的选择。

4. 去色

“去色”命令将彩色图像转换为相同颜色模式下的灰度图像。例如，它给 RGB 色彩模式图像中的每个像素指定相等的红色、绿色和蓝色值，使图像表现为灰度。每个像素的明度值不改变。此命令与在“色相—饱和度”对话框中将“饱和度”设置为 -100 有相同的效果。如果正在处理多层图像，则“去色”命令仅转换所选图层。执行该命令去掉彩色图像中的所有颜色值，将其转换为相同颜色模式的灰度图像。选取“图像—调整—去色”后，即可得到去色效果。

5. 渐变映射

“渐变映射”命令将相等的图像灰度范围映射到指定的渐变填充色。如果指定双色渐变填充，则图像中的暗调映射到渐变填充的一个端点颜色，高光映射到另一个端点颜色，中间调映射到两个端点间的层次。渐变映射选项如图 7-19 所示。渐变映射前后的图像效果如图 7-20、图 7-21 所示。渐变编辑器如图 7-22 所示。

渐变映射
灰度映射所用的渐变
确定
取消
预览(P)
渐变选项
仿色(D)
反向(R)

图 7-19 渐变映射

图 7-20 渐变映射前的效果

图 7-21 渐变映射后的效果

6. 色调分离

“色调分离”命令可以指定图像中每个通道的色调级（或亮度值）的数目，然后将像素映射为最接近的匹配色调。例如，在 RGB 色彩模式图像中选取两个色调级可以产生六种颜色：两种红色、两种绿色、两种蓝色。

在照片中创建特殊效果，如创建大的单色调区域时，此命令非常有用。在减少灰度图像中的灰色色阶数时，它的效果最为明显。但它也可以在彩色图像中产生一些特殊效果。

如果想在图像中使用特定数量的颜色，则将图像转换为灰度并指定需要的色阶数。然后将图像转换回以前的颜色模式，并使用想要的颜色替换不同的灰色调。

图 7-22　渐变编辑器

可选颜色

7.2 图像偏色的调整

商品拍摄过程中导致的图像偏色，主要是用“色相 / 饱和度调整”命令，以及“色彩平衡”命令来调整。

应用“色相 / 饱和度”调整命令一般执行以下步骤：

（1）单击“调整”面板中的“色相 / 饱和度”图标或“色相 / 饱和度”预设。

（2）选择“图层—新建调整图层—色相 / 饱和度”。在“新建图层”对话框中单击“确定”按钮。在对话框中显示有两个颜色条，它们以各自的顺序表示色轮中的颜色。上面的颜色条显示调整前的颜色，下面的颜色条显示调整如何以全饱和状态影响所有色相。

另外也可以选择“图像—调整—色相 / 饱和度”。但是，这个方法直接对图像图层进行调整并扔掉图像信息。

（3）在“调整”面板中，从“编辑”弹出式菜单中选择要调整的颜色：选取“全图”可以一次调整所有颜色。要为调整的颜色选取列出的其他一个预设颜色范围。

（4）对于“色相”，输入一个数值或拖移滑块，框中显示的数值反映像素原来的颜色在色轮中旋转的度数。正值指明顺时针旋转，负值指明逆时针旋转。数值的范围可以是−180 到+180。

（5）对于“饱和度”，输入一个数值，或将滑块向右拖移增加饱和度，向左拖移减少饱和度。颜色将变得远离或靠近色轮的中心。数值的范围可以是−100（饱和度减少的百分比，使颜色变暗）到+100（饱和度增加的百分比）。

（6）对于“明度”，输入一个数值，或者向右拖动滑块以增加亮度（向颜色中增加白色）或向左拖动以降低亮度（向颜色中增加黑色）。数值的范围可以是−100（黑色的百分比）到+100（白色的百分比）。

对于普通的色彩校正，“色彩平衡”命令更改图像的总体颜色混合。“色彩平衡”命令的一般操作步骤如下：

（1）确保在“通道”面板中选择了复合通道。只有当用户查看复合通道时，此命令才可用。

（2）单击“调整”面板中的“色彩平衡”图标，这个方法直接对图像图层进行调整并扔掉图像信息。或者选取“图层—新建调整图层—色彩平衡”，在“新建图层”对话框中单击“确定”按钮。

（3）在“调整”面板中，选择“阴影”“中间调”或“高光”，以选择要着重更改的色调范围。

（4）选择“保持亮度”以防止图像的亮度值随颜色的更改而改变。该选项可以保持图像的色调平衡。

（5）将滑块拖向要在图像中增加的颜色；或将滑块拖离要在图像中减少的颜色。颜色条上方的值显示红色、绿色和蓝色通道的颜色变化（对于 Lab 图像，这些值代表 a 和 b 通道）。数值的范围可以是−100 到+100。

7.3 图像色彩调整技术应用

（1）运行 Photoshop 图像处理软件，执行“Ctrl+O”命令，或者在文件菜单中执行打开文件命令，打开“局部色彩调整素材.jpg”图像文件，如图 7-23 所示。

图 7-23　打开素材文件

（2）在图层面板将素材图像图层进行复制备份，然后在 Photoshop 的工具箱中选取魔棒选择工具，容差值设置为 30，在图像的背景区域点选，然后按住 Shift 键，在没有被选中的图像区域反复的点选，直到背景图像几乎全部被选，然后执行“Ctrl+Shift+I”反选命令，将选区反转，效果如图 7-24 所示。

（3）在不取消选区的前提下，在图层面板底部单击“创建新的填充或调整图层”按钮，在弹出的菜单中选择“色相 / 饱和度”图层效果，在弹出的面板中设置“色相 / 饱和度”图层效果参数，其中预设为自定，应用范围为全图，色相值为-5，饱和度值为 39，明度值为 1，如图 7-25 所示。

图 7-24 选择花形图像

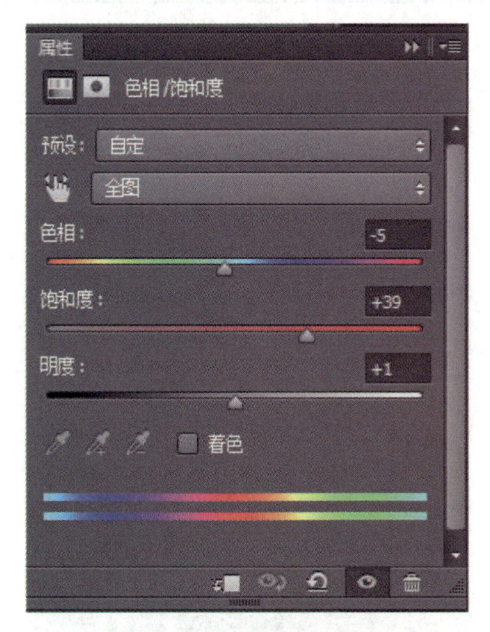

图 7-25 色相 / 饱和度参数设置

（4）完成色相 / 饱和度图层效果参数设置后，在图层面板设置混合模式为“正常”，不透明度为 100%，填充值为 100%，如图 7-26 所示。

（5）在不取消选区的前提下，在图层面板底部单击“创建新的填充或调整图层”按钮，在弹出的菜单中选择“自然饱和度”图层效果，在弹出的面板中设置“自然饱和度”

图层效果参数，其中自然饱和度值为-51，饱和度值为 72，如图 7-27 所示。

图 7-26　调整后效果

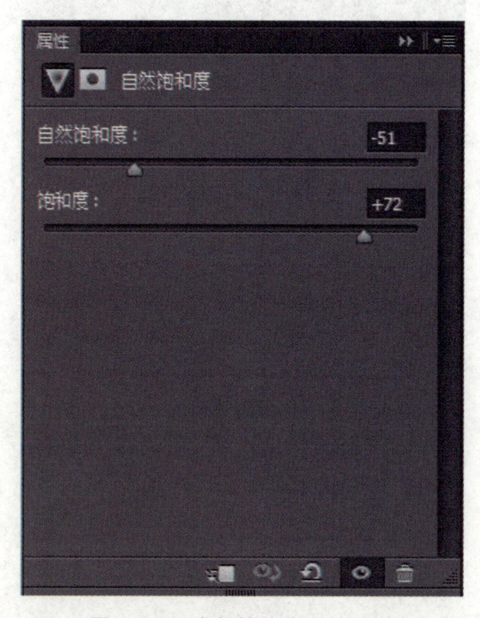

图 7-27　自然饱和度参数设置

（6）完成自然饱和度图层效果参数设置后，在图层面板设置混合模式为“正常”，不透明度为 100%，填充值为 100%，如图 7-28 所示。

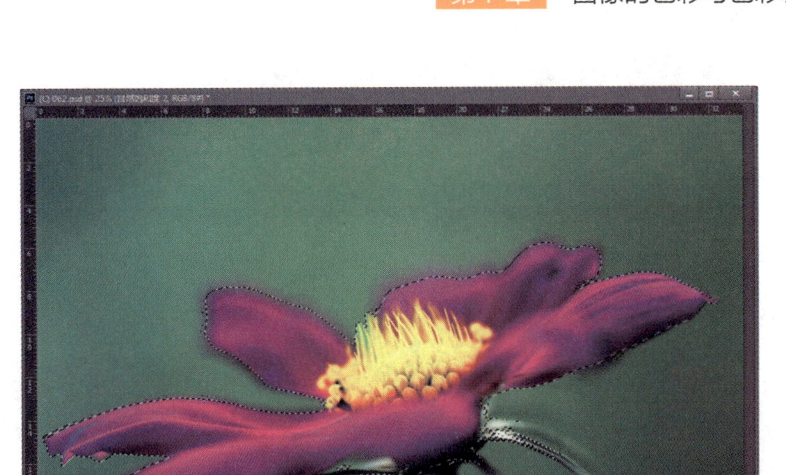

图 7-28　自然饱和度效果

（7）在不取消选区的前提下，在图层面板底部单击“创建新的填充或调整图层”按钮，在弹出的菜单中选择“色彩平衡”图层效果，在弹出的面板中设置“色彩平衡”图层效果参数，其中色调为“中间调”，青色与红色平衡值为 55，洋红与绿色平衡值为-68，黄色与蓝色平衡值为-100，如图 7-29 所示。

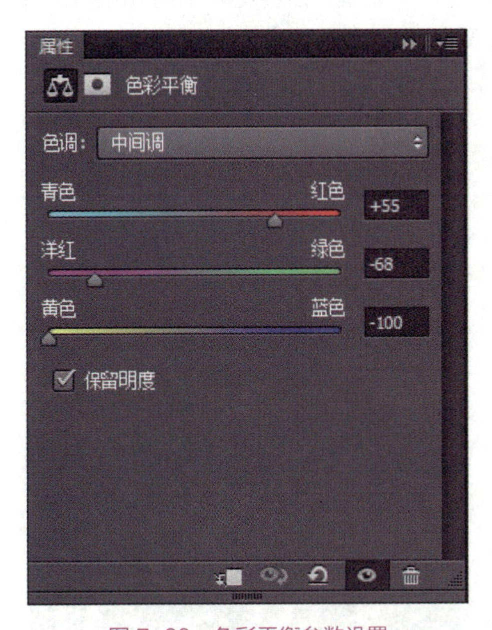

图 7-29　色彩平衡参数设置

（8）完成色彩平衡图层效果参数设置后，在图层面板设置混合模式为“正常”，不透明度为100%，填充值为100%，如图7-30所示。

图7-30　色彩平衡效果

（9）在不取消选区的前提下，在图层面板底部单击“创建新的填充或调整图层”按钮，在弹出的菜单中选择“照片滤镜”图层效果，在弹出的面板中设置“照片滤镜”图层效果参数，其中滤镜类型为加温滤镜，浓度为58%，如图7-31所示。

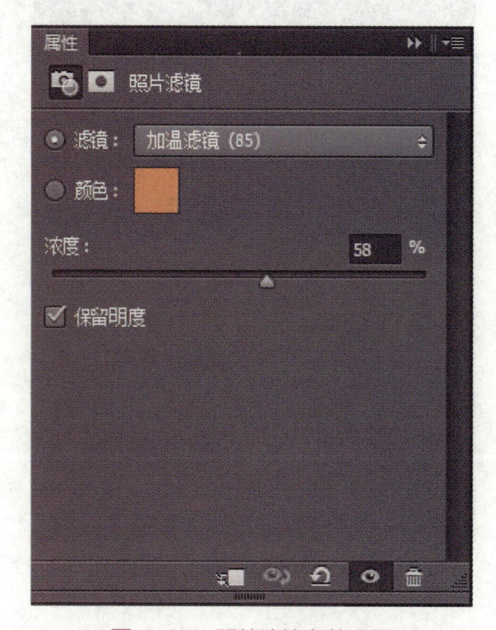

图7-31　照片滤镜参数设置

（10）完成照片滤镜图层效果参数设置后，在图层面板设置混合模式为“正常”，不透明度为 100%，填充值为 100%，如图 7-32 所示。

图 7-32　照片滤镜图层效果

（11）在不取消选区的前提下，在图层面板底部单击“创建新的填充或调整图层”按钮，在弹出的菜单中选择“曲线”图层效果，在弹出的面板中设置“曲线”图层效果参数，其中预设为自定，单击中间的调整曲线适当调整一个弧度，如图 7-33 所示。

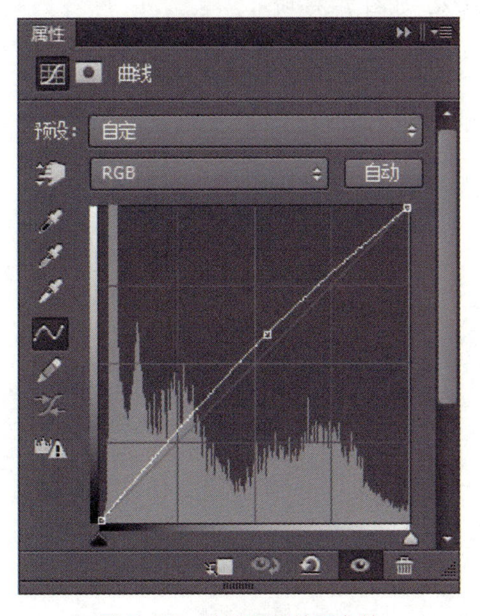

图 7-33　曲线图层效果参数

（12）完成曲线图层效果参数设置后，在图层面板设置混合模式为“正常”，不透明度为 100%，填充值为 100%，如图 7-34 所示。

图 7-34　曲线图层效果

（13）在不取消选区的前提下，在图层面板底部单击“创建新的填充或调整图层”按钮，在弹出的菜单中选择“通道混合器”图层效果，在弹出的面板中设置“通道混合器”图层效果参数，其中预设为自定，输出通道为红色，红色值为 99%，绿色值为 51%，蓝色值为 20%，常数值为 0%，如图 7-35 所示。

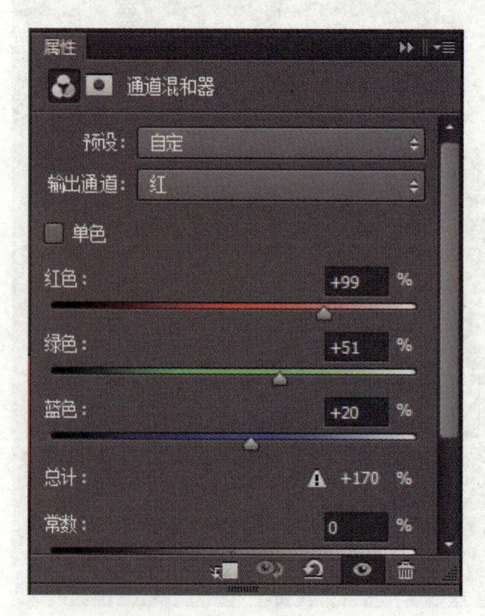

图 7-35　通道混合器参数设置

（14）完成通道混合器图层效果参数设置后，在图层面板设置混合模式为“正常”，不透明度为 100%，填充值为 100%，最后执行“Ctrl+D”命令，取消选择，图像效果如图 7−36 所示。

图 7−36 图像效果

第8章 滤镜的应用

8.1 滤镜的基本知识

滤镜的概念

在执行“滤镜”菜单命令时，如果滤镜名称后跟有省略号（…），就会弹出该滤镜的参数设置命令。滤镜参数命令中一般都有预览窗口，用来预览滤镜效果，预览满意后正式应用滤镜。在对话框中，当用鼠标拖动某个滤镜参数下的三角滑块或在参数输入框内设置不同的参数值后，预览比例数值下的线条会不停地闪烁，表示 Photoshop 正在处理预览，当线条停止闪烁时，滤镜预览框就会显示出该参数下的滤镜预览效果。单击预览框下的“+”按钮，可以放大预览图像的显示比例，可预览图像细部的变化，此时如将鼠标指向预览框，则光标会变成抓手工具，拖动鼠标就可预览图像的不同区域；单击预览框下的“-”按钮，可以缩小预览图像的显示比例，可预览整幅图像的效果；当改变不同的参数预览效果后，想要回到刚打开参数设置对话框时的参数值状态时，可按住 Alt 键，此时“取消”按钮变成“复位”按钮，单击“复位”按钮就会回到最初的设置状态。对预览效果满意后，就可单击对话框中的“确定”按钮，则退出滤镜参数设置对话框，正式应用滤镜效果。图像尺寸越大，分辨率越高，应用所要的时间越长。滤镜创建特殊效果的运用有以下六个途径。

（1）创建边缘效果。可以使用多种方法来处理只应用于部分图像的边缘效果。要保留清晰边缘，只需应用滤镜即可。要得到柔和的边缘，则将边缘羽化，然后应用滤镜。要得到透明效果，可以应用滤镜，然后使用“渐隐”命令调整选区的混合模式和不透明度。

（2）将滤镜应用于图层。可以将滤镜应用于单个图层或多个连续图层以加强效果。要使滤镜影响图层，图层必须是可见的，并且必须包含像素，例如中性的填充色。

（3）将滤镜应用于单个通道。可以将滤镜应用于单个的通道，对每个颜色通道应用不同的效果，或应用具有不同设置的同一滤镜。

（4）创建背景。将效果应用于纯色或灰度形状可生成各种背景和纹理，然后可以对这些纹理进行模糊处理。尽管有些滤镜（例如“玻璃”滤镜）在应用于纯色时不明显或没有体现效果，但其他滤镜却可以产生明显的效果。

（5）将多种效果与蒙版进行图像组合。使用蒙版创建选区，可以更好地控制从一种效果到另一种效果的转变。例如，可以对使用蒙版创建的选区应用滤镜，也可以使用历史记录画笔工具将滤镜效果绘制到图像的某一部分。首先，将滤镜应用于整个图像；接下来，在“历史记录”面板中返回到应用滤镜前的图像状态，并通过单击该历史记录状态左侧的方框将历史记录画笔源设置为应用滤镜后的状态；然后，绘制图像。

（6）提高图像品质和一致性。可以掩饰图像中的缺陷，修改或改进图像，或者对一组图像应用同一效果来建立关系。使用“动作”面板记录修改一幅图像的步骤，然后对其他图像应用该动作。

滤镜库

8.2 滤镜的功能与效果

8.2.1 艺术效果滤镜

艺术效果滤镜可以用来模拟天然或传统的艺术效果。运用这些滤镜可以使图像看上去像不同画派艺术家使用不同的画笔和颜料创作的艺术品。“艺术效果”滤镜共包括 15 种滤镜，此组滤镜不能应用于 CMYK 色彩模式和 Lab 色彩模式的图像。

（1）彩色铅笔滤镜。彩色铅笔滤镜的作用是在图像上产生一种铅笔线条绘制的效果。它保持了原图的大部分色彩，但大片的背景区域会改变成纸张的颜色。当铅笔宽度的值较小时，描绘的线条会较多；当描边压力的值较大时，原图的细节会比较多；纸张颜色是指当前工具箱的背景色从最暗到最亮的颜色，是通过调整纸张亮度的值来得到的。当纸张亮度的亮度为 0，纸张为黑色；亮度为 50 时，纸张为白色；在 0 ~ 50 之间，是不同程度的灰色。运用彩色铅笔滤镜前后的不同效果，如图 8-1 所示。

（2）木刻滤镜。木刻滤镜通过把图像中所有颜色均匀简化为少数几种颜色来创建图形的轮廓，效果类似于拼贴画或木刻版画。在参数设置对话框中，色阶数的值决定了简化的颜色层次；简化度的值决定了图像边缘色块的简化程度；边像逼真度数值决定了简化图像的逼真程度。运用木刻滤镜前后的不同效果，如图 8-2 所示。

图 8-1（a）　应用彩色铅笔滤镜前的效果

图 8-1（b）　应用彩色铅笔滤镜后的效果

图 8-2（a）　应用木刻滤镜前的效果

图 8-2（b）　应用木刻滤镜后的效果

（3）壁画滤镜。壁画滤镜通过在图像中加入大量的黑色斑点，模仿在潮湿的墙上绘制的古壁画效果。在对话框中通过调节画笔大小来控制模仿壁画的画笔粗细；通过画笔细节来控制壁画的细腻程度；通过调节纹理来控制壁画效果颜色之间的柔和程度。运用壁画滤镜前后的不同效果如图 8-3 所示。

图 8-3（a）　应用壁画滤镜前的效果

图 8-3（b）　应用壁画滤镜后的效果

（4）粗糙蜡笔滤镜。粗糙蜡笔滤镜通过在图像中增加彩色线条和纹理，使图像产生不同纹理浮雕的质地效果。在滤镜参数设置对话框中，线条长度和线条细节用来控制笔画的力度和细节；在纹理的下拉框中可选择预设的不同纹理；还可以在光照方向下拉选择框中选择光线照射的不同方向；当选择反相时可反转纹理表面的亮色和暗色。运用粗糙蜡笔滤镜前后的不同效果如图 8-4 所示。

图 8-4（a） 应用粗糙蜡笔滤镜前的效果

图 8-4（b） 应用粗糙蜡笔滤镜后的效果

（5）底纹效果滤镜。底纹效果滤镜是根据所选择纹理的不同，将纹理与图像融合在一起，产生图像好像是在纹理上直接喷绘的效果。运用底纹滤镜前后的不同效果如图 8-5 所示。

图 8-5（a） 应用底纹滤镜前的效果

图 8-5（b） 应用底纹滤镜后的效果

其他艺术滤镜效果

8.2.2　画笔描边滤镜

画笔描边滤镜主要模拟使用不同的画笔和油墨进行描边创造出的绘画效果。该滤镜组共包含 8 种滤镜，可以分别为图像添加杂色、细化边缘、增加纹理等。此类滤镜也不能应用在 CMYK 色彩模式和 Lab 色彩模式的图像。

（1）成角的线条滤镜。成角的线条滤镜通过为图像产生交叉网线来模拟钢笔画素描效果。在滤镜参数设置中，通过调节方向平衡的值来控制两种交叉线的比例，当值大于 50 时，主要为“|”线条，小于 50 时，主要为“\”线条；线条长度值用来控制线条的长度；锐化程度值用来控制线条的锐利程度，值越小，线条的饱和度就越低，线条之间的反差就降低，图像就越模糊、柔和。运用成角的线条滤镜前后的不同效果如图 8-6 所示。

图 8-6（a）　应用成角的线条滤镜前的效果

图 8-6（b）　应用成角的线条滤镜后的效果

（2）喷溅滤镜。喷溅滤镜模仿用颜料在画布上喷洒作画的效果。在参数设置对话框中，调节喷色半径值来控制喷洒的范围；调解平滑度来控制喷洒效果的强弱。运用喷溅滤镜前后的不同效果如图 8-7 所示。

图 8-7（a）　应用喷溅滤镜前的效果

图 8-7（b）　应用喷溅滤镜后的效果

（3）喷色描边滤镜。喷色描边滤镜与喷笔类似，产生不同笔画方向的喷洒效果。在对话框中，线条长度值用来控制线条的长度；喷色半径用来控制喷洒的范围，值越大，范围也越大；描边方向用来控制喷洒线条的方向，共有四种方向：垂直、水平、左对角线和右对角线。

其他画笔描边滤镜效果

8.2.3 扭曲效果滤镜

扭曲效果滤镜通过对图像应用扭曲变形实现各种效果，共包含 12 种滤镜效果。这些滤镜在运行时会占用很多内存。因此，在使用扭曲滤镜组时要谨慎处理，并要对达到的变形程度和变形效果进行精心调整。

（1）波浪滤镜。波浪滤镜使图像产生波浪扭曲效果。其生成器数用来控制产生波的数量，范围是 1 到 999。波长是其最大值与最小值决定相邻波峰之间的距离。波幅是其最大值与最小值决定波的高度。类型有三种：正弦波、三角波和方波。运用波浪滤镜前后的不同效果如图 8-8 所示。

图 8-8（a） 应用波浪滤镜前的效果

图 8-8（b） 应用波浪滤镜后的效果

（2）波纹滤镜。波纹滤镜可以在选取图像上创建起伏的图案，使图像产生类似水波纹的效果。波纹滤镜主要调节选项包括：数量——控制波纹的变形幅度，范围是-999% 到 999%；大小——有大、中和小三种波纹可供选择。运用波纹滤镜前后的不同效果如图 8-9 所示。

（3）玻璃滤镜。玻璃滤镜通过使选区产生细小的纹理变形，使图像看上去如同隔着玻璃观看一样，此滤镜不能应用于 CMYK 模式和 Lab 模式的图像。运用玻璃滤镜前后的不同效果如图 8-10 所示。

图 8-9（a）　应用波纹滤镜前的效果

图 8-9（b）　应用波纹滤镜后的效果

图 8-10（a）　应用玻璃滤镜前的效果

图 8-10（b）　应用玻璃滤镜后的效果

（4）海洋波纹滤镜。该滤镜为图像表面增加随机间隔的纹理，使图像产生普通的海洋波纹效果，此滤镜不能应用于 CMYK 色彩模式和 Lab 色彩模式的图像。其主要参数为：波纹大小——调节波纹的尺寸；波纹幅度——控制波纹振动的幅度。运用海洋波纹滤镜前后的不同效果如图 8-11 所示。

图 8-11（a）　应用海洋波纹滤镜前的效果

图 8-11（b）　应用海洋波纹滤镜后的效果

(5)极坐标滤镜。极坐标滤镜可将图像的坐标从平面坐标转换为极坐标或从极坐标转换为平面坐标，来产生不同的变形效果。运用极坐标滤镜前后的不同效果如图 8-12 所示。

图 8-12（a） 应用极坐标滤镜前的效果

图 8-12（b） 应用极坐标滤镜后的效果

8.2.4 像素化滤镜

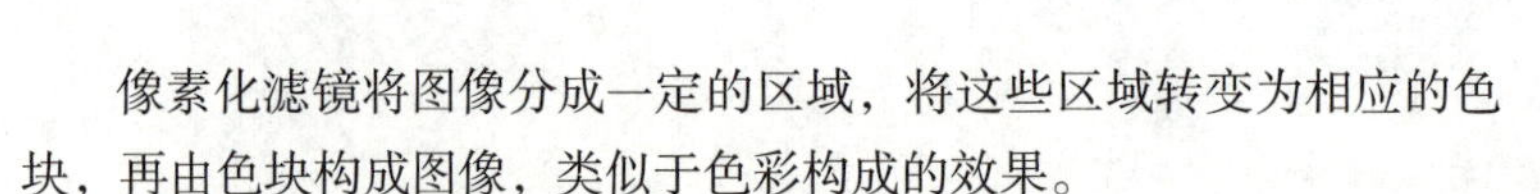

其他扭曲效果滤镜

像素化滤镜将图像分成一定的区域，将这些区域转变为相应的色块，再由色块构成图像，类似于色彩构成的效果。

(1)彩块化滤镜。彩块化滤镜使纯色或相近颜色的像素结成相近颜色的像素块。可以使用此滤镜使扫描的图像看起来像手绘图像，或使现实主义图像类似抽象派绘画。

(2)彩色半调滤镜。彩色半调滤镜模拟在图像的每个通道上使用放大的半调网屏的效果。对于每个通道，滤镜将图像划分为矩形，并用圆形替换每个矩形。圆形的大小与矩形的亮度成比例。运用彩色半调滤镜前后的不同效果如图 8-13 所示。

图 8-13（a） 应用彩色半调滤镜前的效果

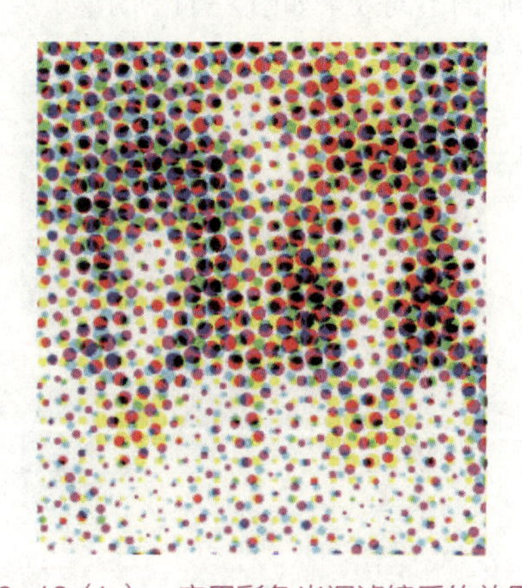

图 8-13（b） 应用彩色半调滤镜后的效果

（3）点状化滤镜。点状化滤镜将图像分解为随机分布的网点，模拟点状绘画的效果。使用背景色填充网点之间的空白区域，主要通过设置单元格大小来调整单元格的尺寸，来控制网点的尺寸，范围是 3 到 300。值越大，网点尺寸越大。运用点状化滤镜前后的不同效果如图 8-14 所示。

图 8-14（a）　应用点状化滤镜前的效果

图 8-14（b）　应用点状化滤镜后的效果

（4）晶格化滤镜。晶格化滤镜会将选区图像中颜色相近的像素合并到单色的多边形单元格中，使图像简化成由色块组成的类似拼贴图的效果。在参数中，通过设置单元格大小来调整结块单元格的尺寸，范围是 3 到 300。值越大，单元格的尺寸越大，图像简化程度越明显。运用晶格化滤镜前后的不同效果如图 8-15 所示。

图 8-15（a）　应用晶格化滤镜前的效果

图 8-15（b）　应用晶格化滤镜后的效果

其他像素化滤镜

8.2.5 渲染效果滤镜

渲染滤镜使图像产生三维映射云彩图像、折射图像和模拟光线反射等效果，还可以用灰度文件创建纹理进行填充，具体有以下三种。

（1）云彩滤镜。云彩滤镜使用介于前景色和背景色之间的随机值生成柔和的云彩效果，如果按住 Alt 键使用云彩滤镜，将会生成色彩相对分明的云彩效果。运用云彩滤镜前后的不同效果如图 8-16 所示。

图 8-16（a） 应用云彩滤镜前的效果

图 8-16（b） 应用云彩滤镜后的效果

（2）分层云彩滤镜。分层云彩滤镜使用随机生成的介于前景色与背景色之间的值来生成云彩图案，产生类似负片的效果。此滤镜和云彩滤镜的区别就是该滤镜会产生的云彩图案和图像已有的图像以差值模式混合，产生一种特殊的混合效果。此滤镜不能应用于 Lab 色彩模式的图像。运用分层云彩滤镜前后的不同效果如图 8-17 所示。

图 8-17（a） 应用分层云彩滤镜前的效果

图 8-17（b） 应用分层云彩滤镜后的效果

（3）光照效果滤镜。光照滤镜可以通过选择不同的光源、光照类型和光线等属性来为图像添加不同的光线效果。此滤镜不能应用于灰度模式、CMYK 色彩模式和 Lab 色彩模式的图像。此滤镜自带了 17 种灯光样式，灯光类型有 3 种可供选择，是点光、平行光和全光源。此滤镜功能比较强大，运用光照效果滤镜前后的不同效果如图 8-18 所示。

图 8-18（a）　应用光照滤镜前的效果

图 8-18（b）　应用光照滤镜后的效果

其他渲染效果滤镜

8.2.6　素描滤镜

素描滤镜用于创建手绘图像的效果，简化图像的色彩，共有 14 种滤镜。此类滤镜不能应用在 CMYK 色彩模式和 Lab 色彩模式的图像。该滤镜通常用于获得 3D 效果。这些滤镜还适用于创建美术或手绘外观。许多素描滤镜在重绘图像时使用前景色和背景色。

（1）炭精笔滤镜。炭精笔滤镜用前景色描绘图像中的暗部区，用背景色描绘亮部区，从而产生不同的纹理，用来模拟炭精笔的纹理效果。运用炭精笔滤镜前后的不同效果如图 8-19 所示。

图 8-19（a）　应用炭精笔滤镜前的效果

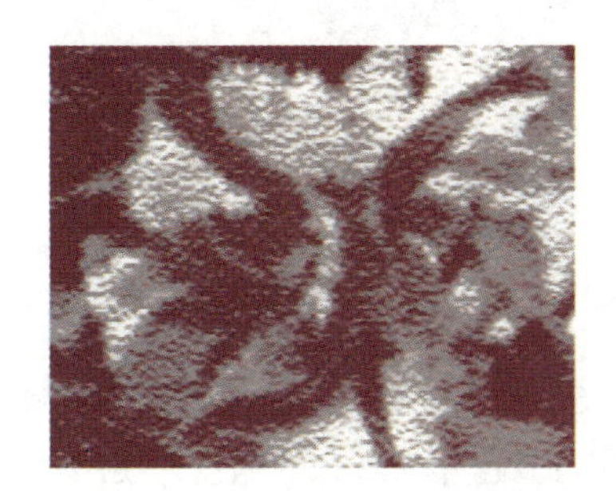

图 8-19（b）　应用炭精笔滤镜后的效果

（2）半调图案滤镜。半调图案滤镜用前景色和背景色两种颜色，模拟半调网屏的效果，且保持连续的色调范围。使用半调图案滤镜可以在图案类型中选择圆圈、网点和直线三种图案类型。运用半调滤镜前后的不同效果如图 8-20 所示。

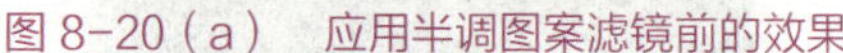

图 8-20（a） 应用半调图案滤镜前的效果　　图 8-20（a） 应用半调图案滤镜后的效果

（3）便条纸滤镜。便条纸滤镜用前景色描绘图像中的暗部区，用背景色描绘亮部区，通过简化图像，在图像中添加颗粒来模仿在手工制成的粗糙纸张上绘制的凹陷浮雕的效果。与颗粒滤镜和浮雕滤镜先后作用于图像所产生的效果类似。

（4）粉笔和炭笔滤镜。粉笔和炭笔滤镜创建类似炭笔素描的效果。粉笔绘制图像背景，炭笔线条勾画暗区。粉笔绘制区应用背景色，炭笔绘制区应用前景色。

（5）铬黄滤镜。铬黄滤镜将图像处理成银质的铬黄表面效果。亮部为高反射点，暗部为低反射点。运用铬黄滤镜前后的不同效果如图 8-21 所示。

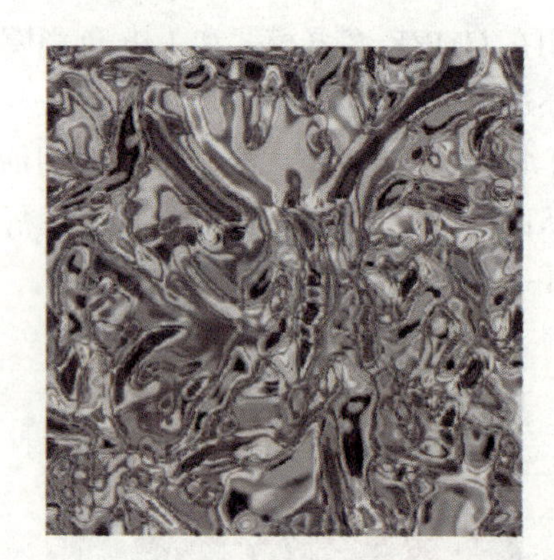

图 8-21（a） 应用铬黄滤镜前的效果　　图 8-21（b） 应用铬黄滤镜后的效果

（6）绘图笔滤镜。绘图笔滤镜用精细的前景色线条绘制图像的细节，用背景色作为纸张的颜色，使图像产生手绘素描的效果。其描边方向参数是油墨线条的走向，包含右对角线、左对角线、水平和垂直四个线条走向。

其他素描滤镜

8.2.7　风格化滤镜

风格化滤镜主要作用于图像的像素，可以强化图像的色彩边界，所以图像的对比度对此类滤镜的影响较大。风格化滤镜最终营造出的是一种印象派的图像效果，共包含 9 种风格化滤镜。

（1）查找边缘滤镜。查找边缘滤镜会自动查找选区图像中明显过渡的区域并强化边缘像素，将高反差区域用深色线条勾画，低反差用两色表示，得到选区的图像轮廓。运用查找边缘滤镜前后的不同效果如图 8-22 所示。

图 8-22（a）　应用查找边缘滤镜前的效果

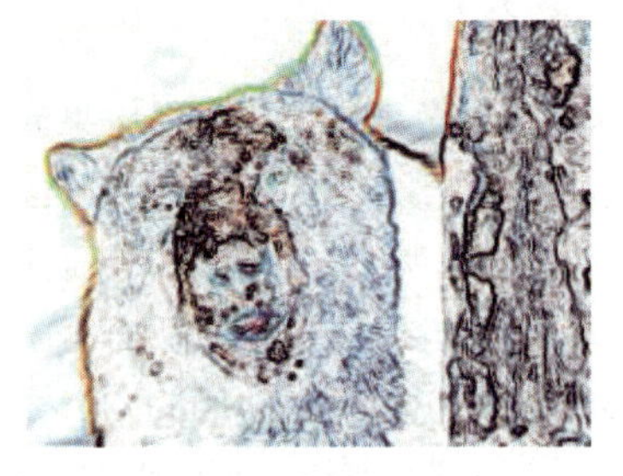

图 8-22（b）　应用查找边缘滤镜后的效果

（2）等高线滤镜。等高线滤镜类似于查找边缘滤镜，但允许指定过渡区域的色调水平，主要作用是勾画图像的色阶范围。运用等高线滤镜前后的不同效果如图 8-23 所示。

图 8-23（a）　应用等高线滤镜前的效果

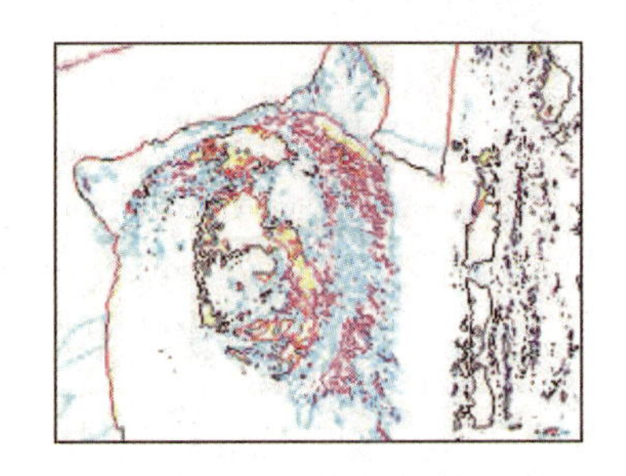

图 8-23（b）　应用等高线滤镜后的效果

（3）风滤镜。风滤镜在图像中色彩相差较大的边界上增加细小的水平短线来模拟风的效果。其调节参数为三种强度的风效，风：细腻的微风效果；大风：比风效果要强烈得多，图像改变很大；飓风：最强烈的风效果，图像已发生变形。运用风滤镜前后的不同效果如图 8-24 所示。

图 8-24（a） 应用风滤镜前的效果

图 8-24（b） 应用风滤镜后的效果

（4）浮雕效果滤镜。浮雕效果滤镜通过将选区图像的填充颜色转换为灰色，并用原填充色勾画边缘，来使选区显得凸出或凹陷，产生浮雕的效果。图像对比度越大的图像浮雕的效果越明显。浮雕效果是通过将选区的填充色转换为灰色，并用原填充色描画边缘，从而使选区显得凸起或压低。浮雕效果滤镜选项包括浮雕角度（−360 度至 +360 度，−360 度使表面凹陷，+360 度使表面凸起）、高度和选区中颜色数量的百分比（1%至 500%）。要在进行浮雕处理时保留颜色和细节，请在应用浮雕滤镜之后使用“渐隐”命令。运用浮雕效果滤镜前后的不同效果如图 8-25 所示。

图 8-25（a） 应用浮雕效果滤镜前的效果

图 8-25（b） 应用浮雕效果滤镜后的效果

8.2.8 纹理化滤镜

其他风格化滤镜

纹理化滤镜为图像创造各种纹理材质的感觉，共包含 6 种滤镜。

（1）龟裂缝滤镜。龟裂缝滤镜可根据图像的等高线生成精细的纹理，应用此纹理使图像产生浮雕的效果。

（2）颗粒滤镜。颗粒滤镜模拟不同的颗粒（常规、软化、喷洒、结块、强反差、扩大、点刻、水平、垂直和斑点）纹理添加到图像的效果。运用颗粒滤镜前后的不同效果如图 8-26 所示。

图 8-26（a）　应用颗粒滤镜前的效果

图 8-26（b）　应用颗粒滤镜后的效果

（3）马赛克拼贴滤镜。马赛克拼贴滤镜将图像划分为有缝隙的小图块，使图像看起来由方形的拼贴块组成，而且图像呈现出浮雕效果。运用马赛克拼贴滤镜前后的不同效果如图 8-27 所示。

图 8-27（a）　应用马赛克拼贴滤镜前的效果

图 8-27（a）　应用马赛克拼贴滤镜后的效果

（4）拼缀图滤镜。拼缀图滤镜将图像分解为由若干方型图块组成的效果，图块的颜色由该区域的主色决定。拼缀图滤镜的效果类似于瓷砖拼贴的建筑墙面。运用拼缀图滤镜前后的不同效果如图 8-28 所示。

图 8-28（a） 应用拼缀图滤镜前的效果

图 8-28（b） 应用拼缀图滤镜后的效果

8.2.9 模糊效果滤镜

其他纹理化滤镜

模糊效果滤镜主要是使选区或图像柔和，淡化图像中不同色彩的边界，以达到掩盖图像的缺陷或创造出特殊效果的作用。这里介绍以下 5 种模糊效果滤镜。

（1）动感模糊滤镜。当拍摄快速运动的物体时，会得到沿运动方向的被拍摄物体模糊的影像。如果要对清晰的图像得到类似的效果，可用动感模糊滤镜。动感模糊滤镜对图像沿着指定的方向（-360 度至+360 度），以指定的强度（1 至 999）进行模糊。运用动感模糊滤镜前后的不同效果如图 8-29 所示。

图 8-29（a） 应用动感模糊滤镜前的效果

图 8-29（b） 应用动感模糊滤镜后的效果

（2）高斯模糊滤镜。高斯模糊滤镜是按指定的值快速模糊选中的图像部分，产生一种朦胧的效果，调节模糊半径范围是 0.1 到 250 像素。值越大，模糊效果越明显。

（3）模糊滤镜。模糊滤镜能产生轻微模糊效果，可消除图像中的杂色，即通过平均相邻像素值来产生平滑的过渡，从而使图像产生模糊柔化的效果。如果只应用一次效果不明显，可重复应用。

（4）进一步模糊滤镜。和模糊滤镜的功能相同，只是进一步模糊滤镜产生的模糊效果为模糊滤镜效果的 3 至 4 倍。

（5）径向模糊滤镜。当用变焦方式拍摄运动物体时，被拍摄物体四周会产生放射状的模糊影像，或在曝光过程中轻微旋转相纸产生的圆形模糊影像。径向模糊滤镜就是模拟移动或旋转的相机产生的模糊。运用径向模糊滤镜前后的不同效果如图 8-30 所示。

图 8-30（a）　应用径向模糊滤镜前的效果

图 8-30（b）　应用径向模糊滤镜后的效果

8.2.10　杂色效果滤镜

其他模糊效果滤镜

杂色滤镜添加或移去杂色或带有随机分布色阶的像素。这有助于将选区混合到周围的像素中。杂色滤镜可创建与众不同的纹理或移去有问题的区域，如灰尘和划痕。

（1）蒙尘与划痕滤镜。蒙尘与划痕滤镜可以捕捉图像或选区中相异的像素，并将其融入周围的图像中去。该滤镜特别适合去除图像中较大的斑点和痕迹。其主要调节参数为半径与阈值。如果想不降低图片的质量，最好选择含有斑点的小块区域，然后在执行该滤镜时选择合适的半径和阈值。运用蒙尘与划痕滤镜前后的不同效果如图 8-31 所示。

图 8-31（a）　应用蒙尘与划痕滤镜前的效果

图 8-31（b）　应用蒙尘与划痕滤镜后的效果

（2）去斑滤镜。 去斑滤镜会自动检测图像边缘颜色变化较大的区域，通过模糊除边缘以外的其他部分以起到消除杂色的作用，但不损失图像的细节。去斑滤镜适合去除扫描图像时产生的网纹和蒙尘。

其他杂色效果滤镜

8.2.11 锐化效果滤镜

锐化滤镜通过增加相邻像素的对比度来使模糊图像变得清晰。

（1）USM 锐化滤镜。 USM 锐化滤镜可以手动调整图像的边缘对比度，结果会在边缘的两侧产生更亮和更暗的线条，使图像更加清晰。 参数中 Threshold 值是指定相邻像素之间的比较值。当阈值设置在低值时，具有较小对比度的边缘也会被强调；阈值过高时，会强调图像中已经有明显差异的边缘。运用 USM 锐化滤镜前后的不同效果如图 8-32 所示。

图 8-32（a） 应用 USM 锐化滤镜前的效果

图 8-32（b） 应用 USM 锐化滤镜后的效果

（2）锐化滤镜。 锐化滤镜可以提高图像选区中像素之间的对比度，达到使图像清晰的目的，产生简单的锐化效果。

其他锐化效果滤镜

8.2.12 其他滤镜

其他滤镜组共包括 5 种滤镜。它们可以创建自定义的滤镜、修改蒙版、在图像内移位选区以及进行快速的色彩调整等功能。

（1）高反差保留滤镜。 高反差保留滤镜会将图像反差明显的区域内的边缘细节保留，而将图像的其他部分隐藏。其调节参数为 Radio 半径：控制保留范围的大小。值越大，保留原图的边缘细节越多。运用高反差保留滤镜前后的不同效果如图 8-33 所示。

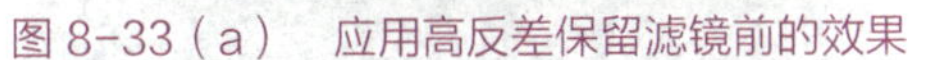

图 8-33（a） 应用高反差保留滤镜前的效果　　图 8-33（b） 应用高反差保留滤镜后的效果

（2）位移滤镜。 位移滤镜会按照输入的值在水平和垂直的方向上移动图像。其调节参数为：Horizontal 水平位移值——控制水平向右移动的距离；Vertical 垂直位移值——控制垂直向下移动的距离。这两个参数的数值范围都在 -30000 ~ 30000 像素。

其他滤镜

KPT 滤镜

EYE CANDY 滤镜

8.3 滤镜的应用

下面主要学习 Photoshop 中滤镜特效的应用方法，懂得应用滤镜特效来渲染和烘托图像特效。

（1）创建一个新文件，文件大小为 768 × 768 像素，分辨率为 72 像素 / 英寸，色彩模式为 RGB 模式，背景色为黑色。

（2）执行“滤镜—渲染—镜头光晕”命令，选择“电影镜头”方式，亮度值设置为 100%，在预览窗口移动中心点，如图 8-34 所示。

（3）用同样的方法，执行“滤镜—渲染—镜头光晕”命令，再分别制作另外两个光晕效果，尽量使 3 个光晕效果在同一条斜线上，效果如图 8-35 所示。

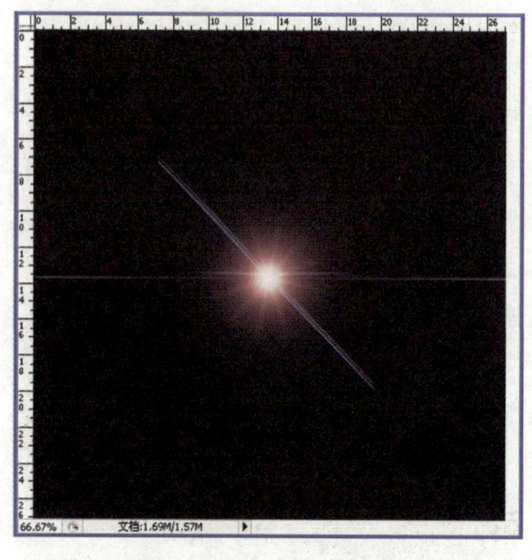

图 8-34　镜头光影效果

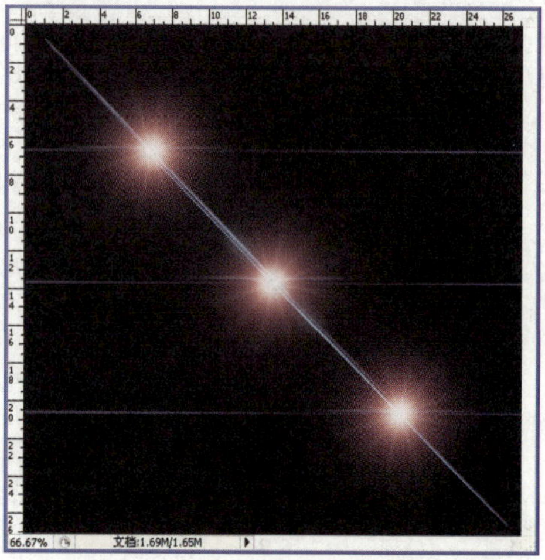

图 8-35　再次运用镜头光晕

（4）执行滤镜菜单中的“滤镜—扭曲—极坐标”命令，选择“平面坐标到极坐标”，效果如图 8-36 所示。

（5）在图层面板，将上面的图形所在的图层复制，执行“编辑—变换—旋转 180 度”命令，使图像翻转，设置图层混合模式设为“滤色”。然后向下合并图层，效果如图 8-37 所示。

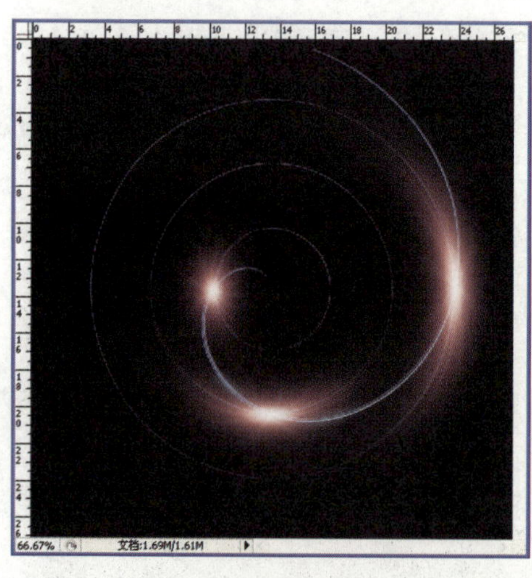

图 8-36　极坐标运用

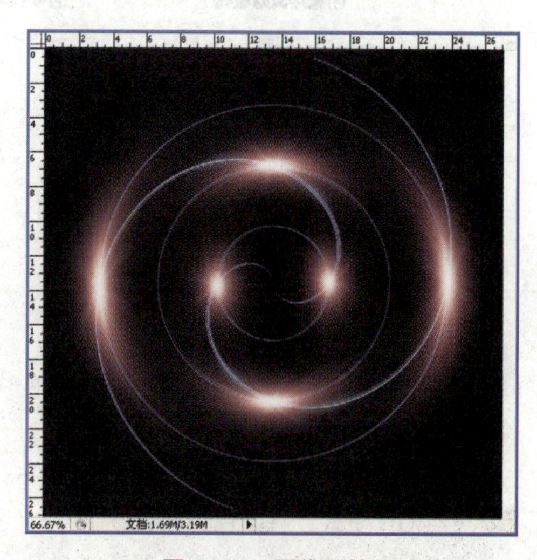

图 8-37　图像翻转

（6）执行“滤镜—扭曲—水波”命令，设置水波“数量”值为-16，“起伏”值为 6，样式为“水池波纹”，参数设置如图 8-38 所示。

（7）执行“滤镜—模糊—高斯模糊”命令，模糊值设置为 0.5，效果如图 8-39 所示。

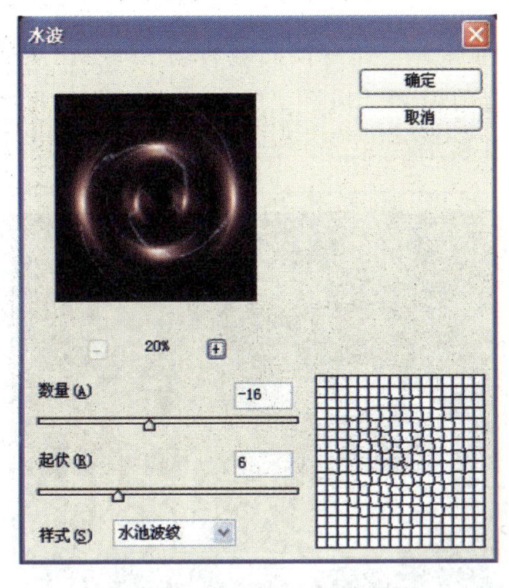

图 8-38　水波效果参数设置

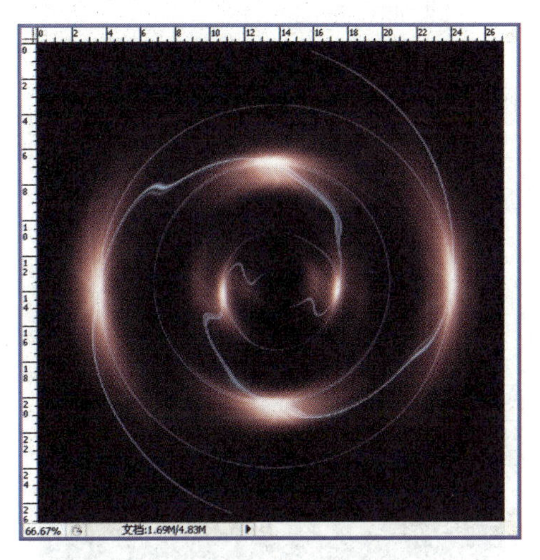

图 8-39　高斯模糊

（8）在图层面板，新建一个图层，运用渐变工具进行渐变色填充，渐变样式为“线性”，颜色为“透明彩虹渐变”，同时设置图层混合模式为“叠加”，效果如图 8-40 所示。

（9）选择通道面板，创建一个新通道，使前景色为白色，用文字工具在新通道上输入文字，字体为幼圆体，大小为 72 点，用“CTRL+D”命令取消选择文字的选区，如图 8-41 所示。

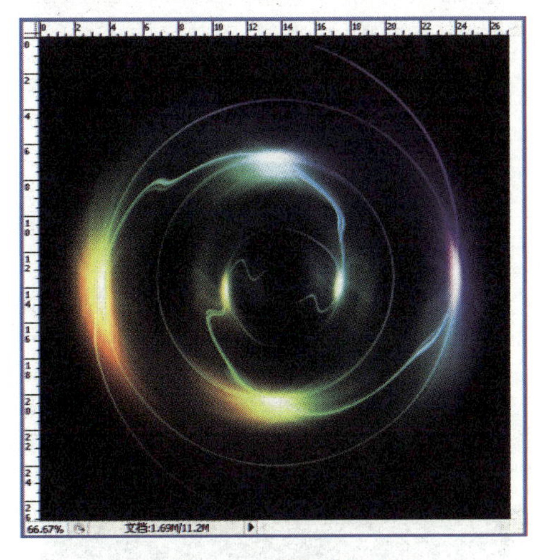

图 8-40　透明彩虹渐变

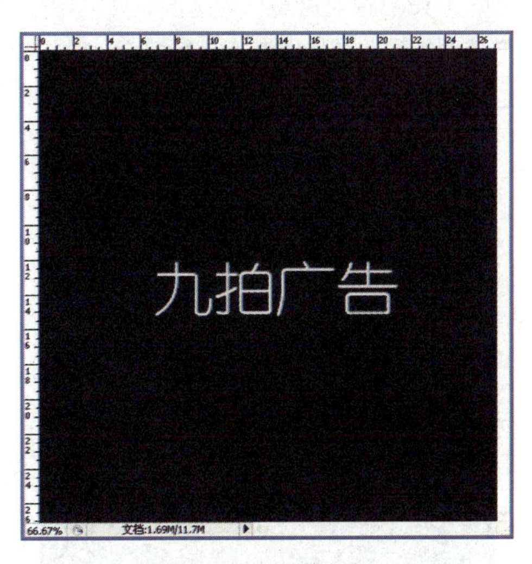

图 8-41　通道文字

（10）对文字通道选择“滤镜—扭曲—极坐标”命令，选择“极坐标到平面坐标”选项，效果如图 8-42 所示。

（11）选择“图像—旋转画布—90 度（逆时针）”命令使图像转动 90 度；然后执行“滤镜—风格化—风”命令。其“方法”选项设为“风”，方向“从右”；再用“Ctrl+F”命令重复一次风的效果，结果如图 8-43 所示。

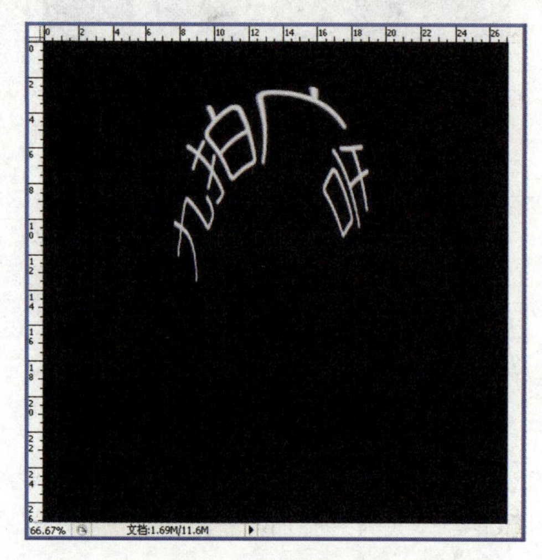

图 8-42　极坐标文本

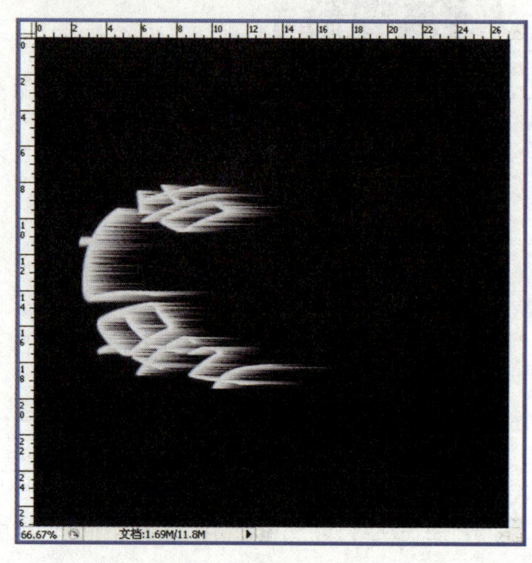

图 8-43　风格化文本

（12）执行“图像—旋转画布—90 度（顺时针）”命令，使图像回转，然后执行“滤镜—扭曲—极坐标”，选择“平面坐标到极坐标”，效果如图 8-44 所示。

（13）将通道转化为选区，回到图层面板，新建一个图层，调整好选区的位置，用“透明彩虹”的线性渐变进行填充，效果如图 8-45 所示。

图 8-44　极坐标效果

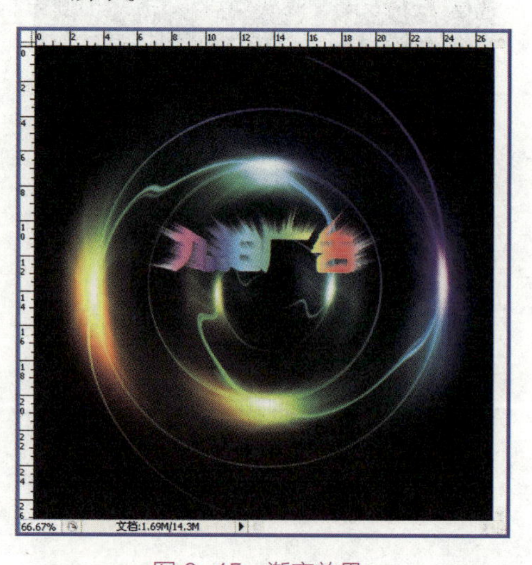

图 8-45　渐变效果

（14）应用文字工具输入的文本，设置发光效果的图层样式，最后用“ARIAL”字体，选择合适的文字大小，输入相应的装饰文本，最终效果如图 8-46 所示。

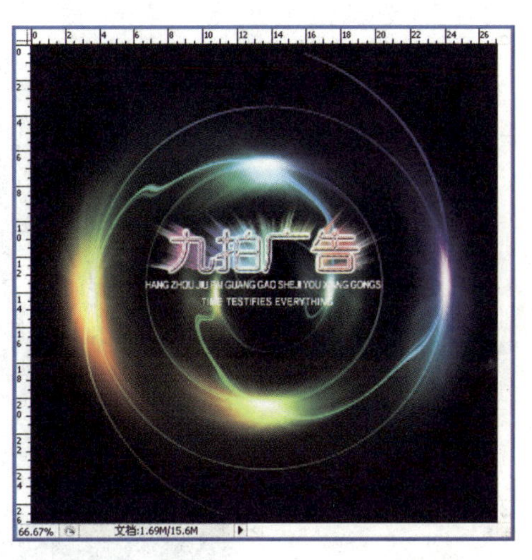

图 8-46 最后效果

8.4 滤镜的混合应用

下面主要讲解滤镜与通道等混合应用方法，具体如下：

（1）执行“文件—新建”菜单命令，或执行“Ctrl+N”命令，建立新文件，对文件进行命名，设置文件大小 20 厘米 × 20 厘米，分辨率为 72，RGB 模式，其他参数默认。

（2）执行“编辑—填充”菜单命令进行图案填充，选木质（Wood）图案填充。填充效果如图 8-47 所示。

（3）单击通道面板，建立新的 Alpha 通道，通道名称为“Alpha 1”，确定前景色为白色。

（4）运用文字“T”工具输入文字“Photo”，设置字体为“Arial Back”，大小为 120 点，斜体，大写，加粗，颜色为黑色。字间距为 25，字体效果为锐化。

（5）用移动工具把文字移到文件中央，执行“Ctrl+T”取消文字选区。

（6）用画笔工具，前景色设为白色，选择适当大小的边缘柔软的圆形笔刷，在文字的外部边缘单击，填充上白色；改变笔刷大小，继续填充。效果如图 8-48 所示。

图 8-47　填充效果

图 8-48　填充结果

（7）将前景色转化为黑色，在靠近文字的内部边缘，与第六步操作一样，用黑色单击填充。效果如图 8-49 所示。

（8）执行“滤镜—风格化—扩散”菜单命令，选择模式为“正常”，确定后执行“Ctrl+F”命令，再运用一次滤镜，效果如图 8-50 所示。

图 8-49　填充效果

图 8-50　运用滤镜后效果

（9）按住 Ctrl 键，在通道面板单击通道 Alpha1。使文字被选，执行“选择—修改—

缩小”菜单命令，缩小选区，缩小量为 5 像素。

（10）执行“选择—羽化”菜单命令，羽化值为 5 像素。

（11）把前景色转为黑色，执行“Alt+Delete”命令，即用黑色填充。执行“Ctrl+D”命令取消选择，效果如图 8-51 所示。

图 8-51　运用滤镜与填充后效果

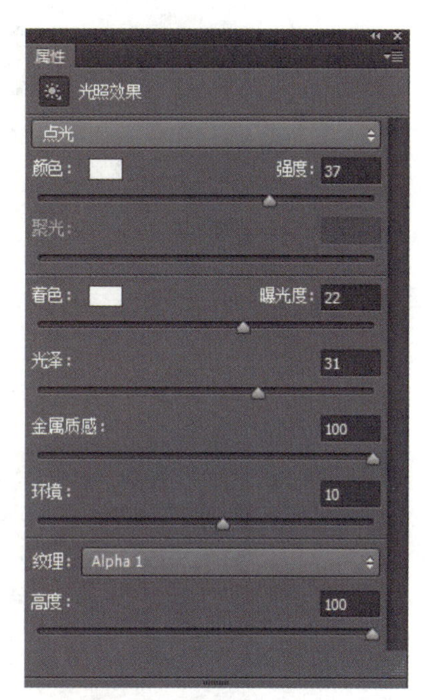

图 8-52　光照效果参数设置

（12）在通道面板中单击 RGB 通道。

（13）执行“滤镜—渲染—光照效果”菜单命令，参数设置如图 8-52 所示。注意：纹理通道中选 Alpha 1 通道。

（14）执行光照效果，完成后效果如图 8-53 所示。

图 8-53　执行光照效果滤镜后效果

（15）运用裁剪工具，把图像大小裁剪为如图 8-54 所示的效果。

图 8-54　裁剪后效果

（16）对文件进行修饰，在左上方运用形状工具绘制形状图形，输入相应的文字；在图像的右下方输入相应的文字，设置右对齐，最后完成的效果如图 8-55 所示。

图 8-55　最后完成的效果

第9章
图像的输出与优化

图像的输出

1. 使用 Web 图形

Photoshop 中的 Web 工具可以帮助设计人员设计和优化单个 Web 图形或整个页面布局。使用 Photoshop 的 Web 工具，可以轻松构建网页的组件块，或者按照预设或自定格式输出完整网页。Web 工具主要包括以下内容：

（1）使用图层和切片设计网页和网页界面元素。

（2）使用图层复合可以实现不同的页面组合或导出页面的各种变化形式。

（3）创建用于导入到 Dreamweaver 或 Flash 中的翻转文本或按钮图形。

（4）使用动画面板创建 Web 动画，然后将其导出为动画 GIF 图像或 QuickTime 文件。

（5）使用 Bridge 创建 Web 照片画廊，从而通过使用各种具有专业外观的模板将一组图像快速转变为交互网站。

运用菜单“存储为 Web 所用格式”命令，可以将图像文件转化为 Web 所用格式文件，如图 9-1 所示。

2. 创建翻转

翻转是网页上的当鼠标移动到其上方时会发生变化的一个按钮或图像。要创建翻转，至少需要两个图像：主图像表示处于正常状态的图像，而次图像表示处于更改状态的图像。Photoshop 提供了许多用于创建翻转图像的工具：

（1）使用图层创建主图像和次图像。在一个图层上创建内容，然后复制并编辑图层以创建相似内容，同时保持图层之间的对齐。当创建翻转效果时，可以更改图层的样式、可见性或位置，调整颜色或色调，或者应用滤镜效果。

（2）可以利用图层样式对主图层应用各种效果，如颜色叠加、投影、发光或浮雕。若要创建翻转对象，请启用或禁用图层样式并存储处于每种状态下的图像。

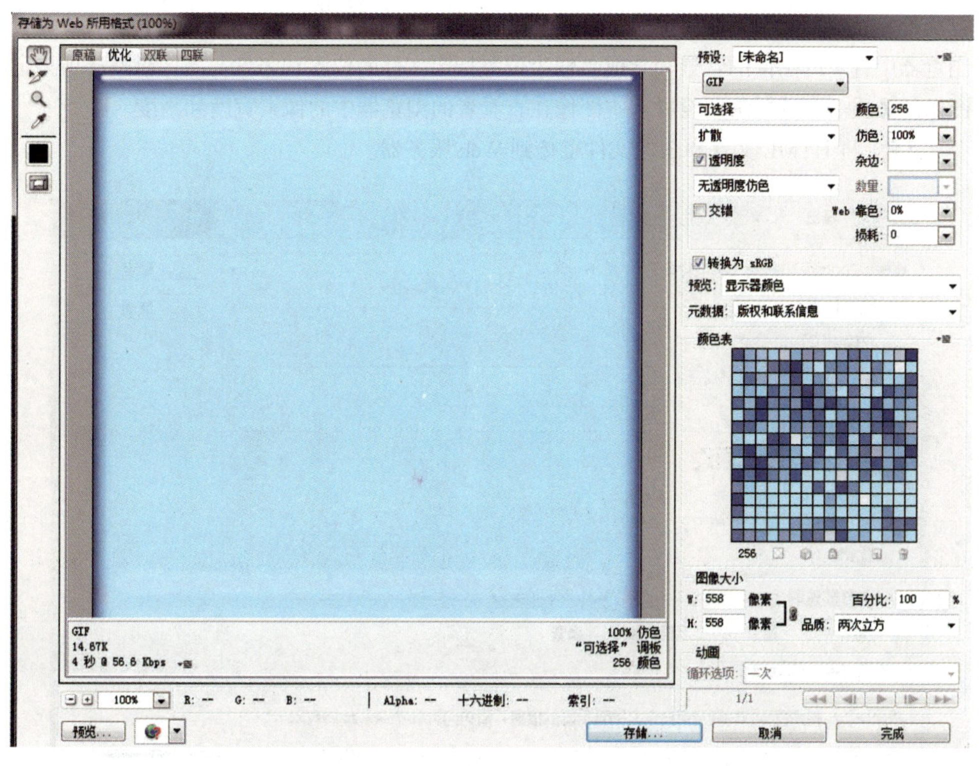

图 9-1　存储为 Web 所用格式

（3）使用样式面板中的预设按钮样式快速创建具有正常状态、鼠标移过状态和鼠标按下状态的翻转按钮。使用矩形工具绘制基本形状，并应用样式以自动将该矩形转换为按钮。然后拷贝图层并应用其他预设样式，以创建其他按钮状态。将每个图层存储为单独的图像以创建完成的翻转按钮组。

（4）使用“存储为 Web 所用格式”对话框以 Web 兼容的格式和优化的文件大小来存储翻转图像。

当存储翻转图像时，可使用命名约定区分主（非翻转状态）图像和次（翻转状态）图像。在 Photoshop 中创建翻转图像组之后，使用 Dreamweaver 将这些图像置入网页中并自动为翻转动作添加 JavaScript 代码。

3. 导出到 Zoomify

在 Photoshop 中可以将高分辨率的图像发布到 Web 上，以便图像浏览人员平移和缩放该图像以查看更多的细节。下载基本大小的图像与下载同等大小的 JPEG 文件所花费的时间一样。Photoshop 会导出 JPEG 文件和 HTML 文件，可以将这些文件上传到 Web 服务器。具体方法如下：

（1）选择“文件—导出—Zoomify”并设置导出选项，如图 9-2 所示。模板设置在浏览器中查看的图像的背景和导航。输出位置指定文件的位置和名称。图像拼贴选项指定图像的品质。浏览器选项设置基本图像在查看者的浏览器中的像素宽度和高度。

（2）将 HTML 文件和图像文件上传到 Web 服务器。

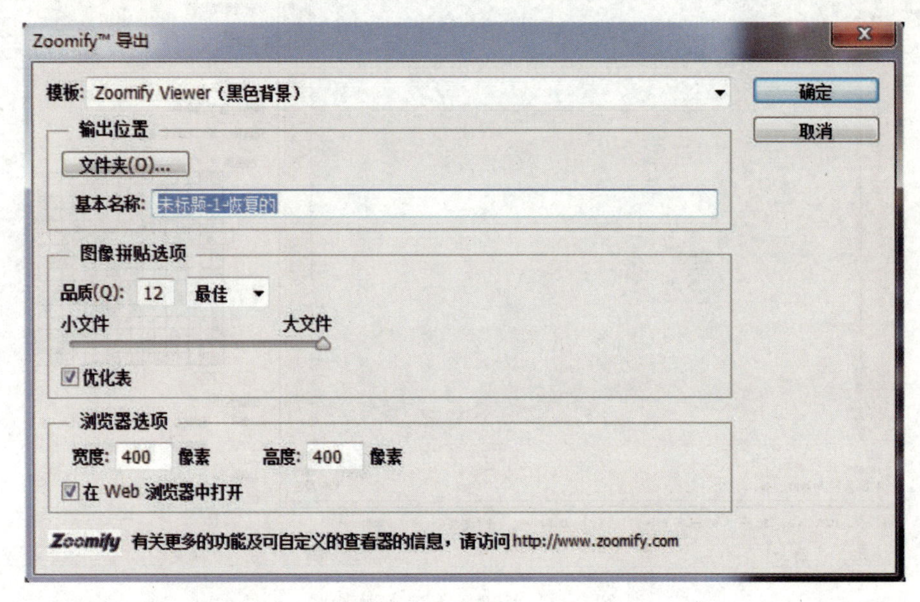

图 9-2　导出到 Zoomify

4. 切片的 Web 页

在 Photoshop 切片使用 HTML 表或 CSS 图层将图像划分为若干较小的图像，这些图像可在 Web 页上重新组合。通过划分图像，可以指定不同的 URL 链接以创建页面导航，或使用其自身的优化设置对图像的每个部分进行优化。可以使用“存储为 Web 和设备所用格式”命令来导出和优化切片图像。Photoshop 将每个切片存储为单独的文件并生成显示切片图像所需的 HTML 或 CSS 代码。将图像在 Web 处理切片时，要注意以下基本要点：

（1）可以通过使用切片工具或创建基于图层的切片来创建切片。

（2）创建切片后，可以使用切片选择工具选择该切片，然后对它进行移动和调整大小，或将它与其他切片对齐。

（3）可以在“切片选项”对话框中为每个切片设置选项，如切片类型、名称和 URL。

（4）可以使用“存储为 Web 所用格式”对话框中的各种优化设置对每个切片进行优化。

5. 切片类型

在 Photoshop 中，切片按照其内容类型（表格、图像、无图像）以及创建方式（用户、基于图层、自动）进行分类。

使用切片工具创建的切片称作用户切片；通过图层创建的切片称作基于图层的切片。当用户创建新的切片或基于图层的切片时，将会生成附加自动切片来占据图像的其余区域。换句话说，自动切片填充图像中用户切片或基于图层的切片未定义的空间。每次添加或编辑用户切片或基于图层的切片时，都会重新生成自动切片。可以将自动切片转换为用户切片。用户切片、基于图层的切片和自动切片的外观不同。用户切片和基于图层的切片由实线定义，而自动切片由虚线定义。此外，用户切片和基于图层的切片显示不同的图标。可以选取显示或隐藏自动切片，这样可以更容易地查看使用用户切片和基于图层的切片的作品。

子切片是创建重叠切片时生成的一种自动切片类型。子切片指示存储优化的文件时如何划分图像。尽管子切片有编号并显示切片标记，但无法独立于底层切片选择或编辑子切片。每次排列切片的堆叠顺序时都重新生成子切片。

使用不同的方法创建切片：

（1）自动切片是自动生成的。

（2）用户切片是用切片工具创建的。

（3）基于图层的切片是用图层面板创建的。

可以为切片选取背景色：可以选择一种背景色来填充透明区域（适用于“图像”切片）或整个区域（适用于“无图像”切片）。Photoshop 不显示选定的背景色。必须在浏览器中预览图像才能查看选择背景色的效果。具体操作方法如下：

选择一个切片。如果正在 Photoshop 的“存储为 Web 所用格式”对话框中工作，请用切片选择工具双击该切片以显示“切片选项”对话框；在“切片选项”对话框中，从“背景色”弹出式菜单选取一种背景色。选择“无”“杂边”“白色”“黑色”或“其他”（使用 Adobe 拾色器）。

6. 为切片指定 URL 链接信息

为切片指定 URL 可使整个切片区域成为所生成 Web 页中的链接。当用户单击链接时，Web 浏览器会导航到指定的 URL 和目标框架。该选项只可用于“图像”切片。具体操作如下：

（1）选择一个切片。用切片选择工具双击该切片，显示“切片选项”对话框。

（2）在“切片选项”对话框的“URL”文本框中输入 URL。可以输入相对 URL 或绝对（完整）URL。如果输入绝对 URL，就一定要包括正确的协议（例如：应输入“http://www.163.com”而不是“www.163.com”）。

（3）如果需要，可以在“目标”文本框中输入目标框架的名称：

_blank 表示在新窗口中显示链接文件，同时保持原始浏览器窗口为打开状态。

_self 表示在原始文件的同一框架中显示链接文件。

_parent 表示在其原始父框架组中显示链接文件。如果 HTML 文档包含帧，并且当前帧是子帧，则使用此选项。链接文件显示在当前的父框架中。

_top 表示用链接的文件替换整个浏览器窗口，移去当前所有帧。名称必须与先前在文档的 HTML 文件中定义的帧名称相匹配。

9.2 图像的优化

在针对 Web 和其他联机介质准备图像时，通常需要在图像显示品质和图像文件大小之间加以折中。存储为 Web 所用格式可以使用“存储为 Web 所用格式”对话框中的优化功能，预览具有不同文件格式和不同文件属性的优化图像。当预览图像以选择最适合需要的设置组合时，可以同时查看图像的多个版本并修改优化设置。也可以指定透明度和杂边，选择用于控制仿色的选项，以及将图像大小调整到指定的像素尺寸或原始大小的指定百分比。

使用“存储为 Web 和设备所用格式”命令存储优化的文件时，可以选择为图像生成 HTML 文件。此文件包含在 Web 浏览器中显示图像所需的所有信息。

在 Photoshop 中，可以使用“存储为”命令将图像存储为 GIF、JPEG 或 PNG 文件。根据文件格式的不同，可以指定图像品质、背景透明度或杂边、颜色显示和下载方法。但是，不会保留在文件中添加的任何 Web 功能，如切片、链接和动画。

也可以使用 Photoshop 图像处理器以 JPEG 格式存储文件夹中图像的副本。可以使用图像处理器来调整图像的大小，并将其颜色配置文件转换为 Web 标准 sRGB。

针对 Web 优化图像的方法如下：

（1）选取“文件—存储为 Web 所用格式”。

（2）单击对话框顶部的选项卡以选择显示选项：“优化”“双联”或“四联”。如果选择“四联”，请单击要优化的预览。

（3）如果图像包含多个切片，那么选择要优化的一个或多个切片。

（4）从“预设”菜单中选择一个预设优化设置，或设置各个优化选项。可用选项随所选择的文件格式不同而有所不同。

如果在“四联”模式下工作，要从“优化”菜单中选择“重组视图”，以便在更改优化设置后自动生成一个品质较低的图像版本。

（5）对优化设置进行微调，直至对图像品质和文件大小的平衡点满意为止。如果图像包含多个切片，要确保优化所有切片。

如果要将优化的预览恢复为原始版本，那就选择该预览，然后从“预设”菜单中选择“原稿”。

（6）如果使用 sRGB 以外的嵌入颜色配置文件来优化图像，应将图像的颜色转换为 sRGB，然后再存储图像以便在 Web 上使用。这可确保在优化图像中看到的颜色与其他 Web 浏览器中颜色看起来相同。默认的选择是“转换为 sRGB”选项。

（7）从“元数据”菜单中，选择要采用优化文件保存的 XMP 元数据。JPEG 文件格式完全支持元数据，GIF 和 PNG 文件格式部分支持元数据。可包含添加到文档中的任何元数据文件信息（选取“文件—文件信息”可查看或输入文档元数据）。具体选项如下。

无：没有保存元数据，生成最小的文件大小。

版权：保存版权声明、权利使用条款、版权状态以及版权信息 URL。

版权与联系：信息保存所有版权信息以及作者、作者职称、电子邮件、地址、国家和地区、州（省市自治区）、城市、邮政编码、电话及网站信息。

除相机信息外的所有信息：保存所有 XMP 元数据，EXIF 数据除外。EXIF 数据包括相机设置和场景信息，如快门速度、日期和时间、焦距、曝光补偿、测光模式以及是否使用闪光灯。

全部：在文件中保存所有 XMP 元数据。

（8）单击“存储”按钮。

（9）在“将优化结果存储为”对话框中，执行以下操作，然后单击“保存”按钮。

9.3 图像优化与输出的应用

（1）启动 Photoshop，打开“图形图像的优化与输出.psd”文件，查看各对象所在的图层，保留图层不合并。

（2）设置文件分割参考线，在文件中显示标尺，用移动工具从标尺中移出参考线，对文件图像的版面进行布局，如图 9-3 所示。

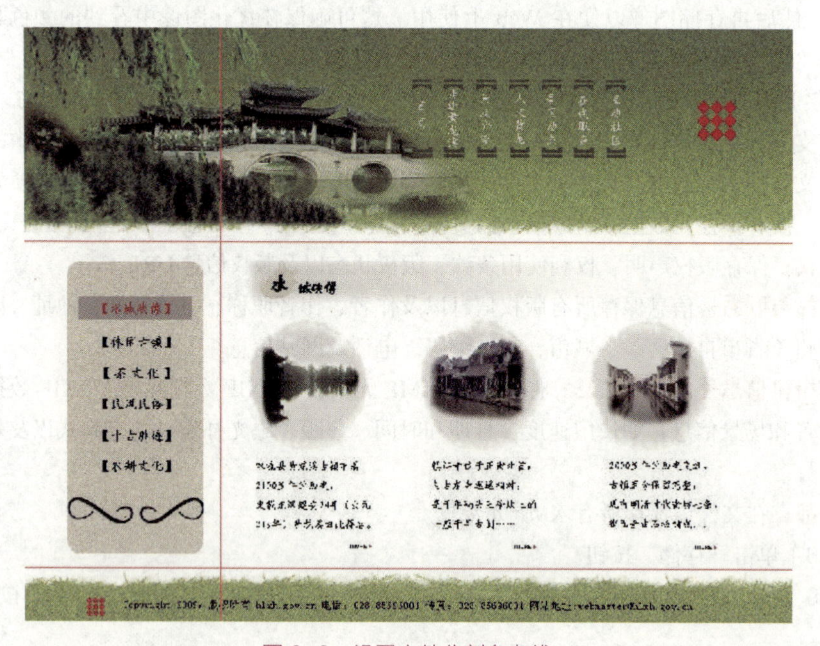

图 9-3　设置文件分割参考线

（3）选择工具箱中的“切片工具”，在工具属性中设置样式为“正常”，然后单击“基于参考线的切片”按钮。根据参考线生成切片，如图 9-4 所示。

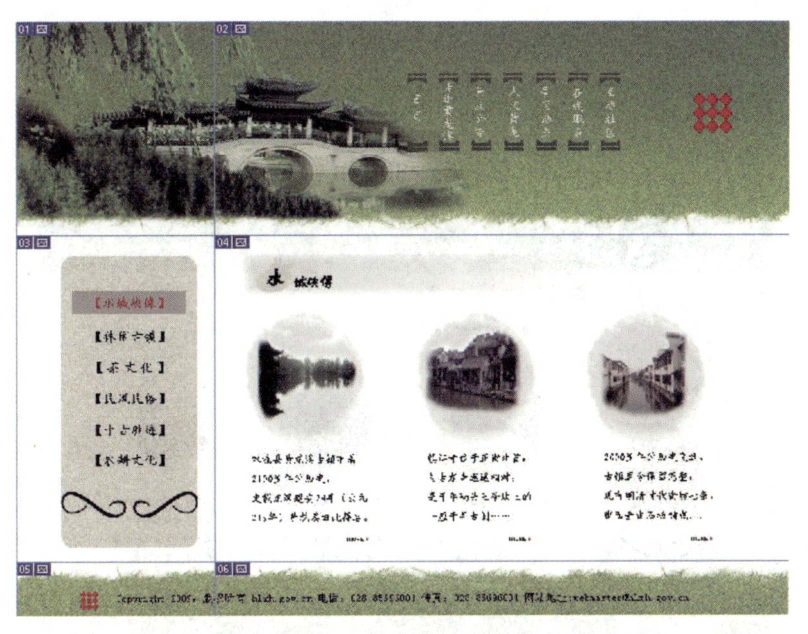

图 9-4　基于参考线的切片

（4）选区工具箱中的“切片选择工具”，在图像中选择“切片 02”，单击鼠标右键，在弹出的菜单中选择“划分切片”命令，如图 9-5 所示。

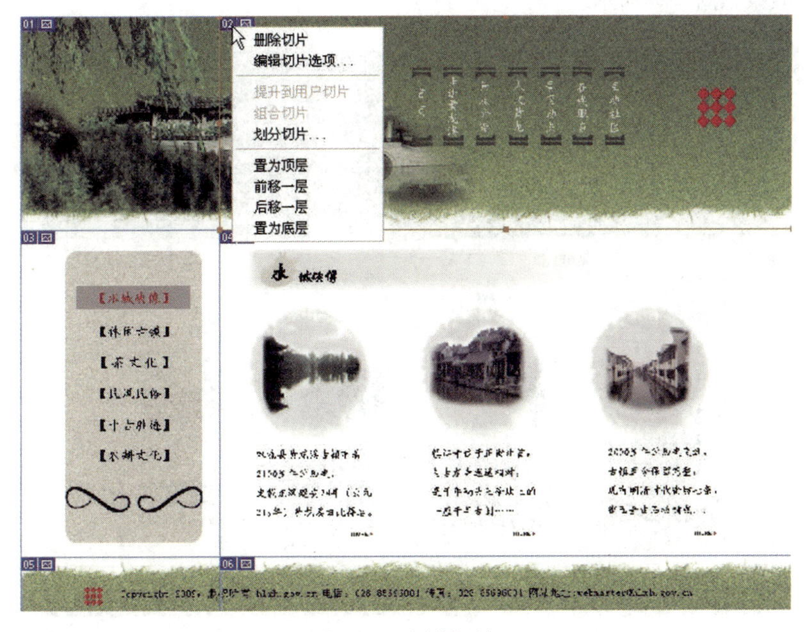

图 9-5　划分切片

（5）在“划分切片”选项设置中，选择垂直划分项，切片数为 9，如图 9-6 所示。

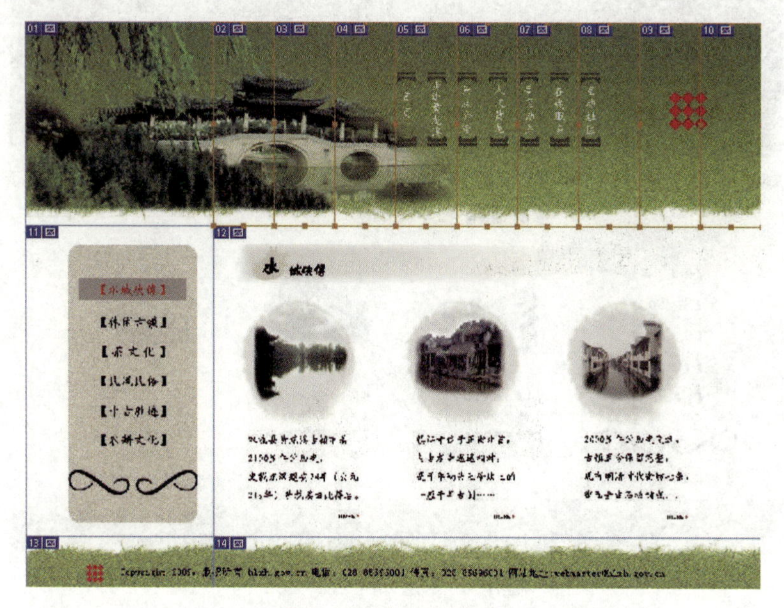

图 9-6　划分垂直切片

（6）运用“切片选择”工具，根据图像的状况对切片 01 到切片 10 进行位置的编辑与调整，效果如图 9-7 所示。

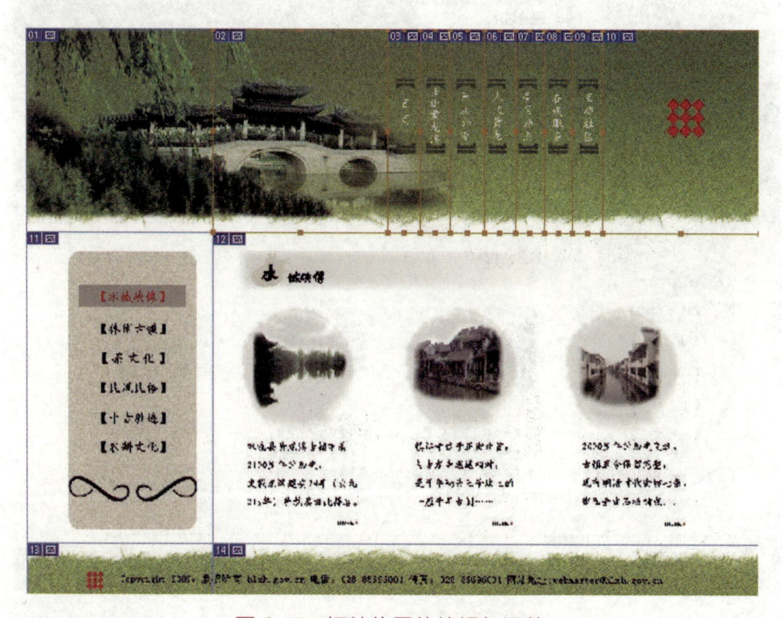

图 9-7　切片位置的编辑与调整

（7）用“切片选择”工具选择“切片 11”，单击右键，在弹出的菜单中选择“分割切片”，设置切片为水平分割，切片数为 8，并用工具对各个分割出来的切片根据图像进行调整，效果如图 9-8 所示。

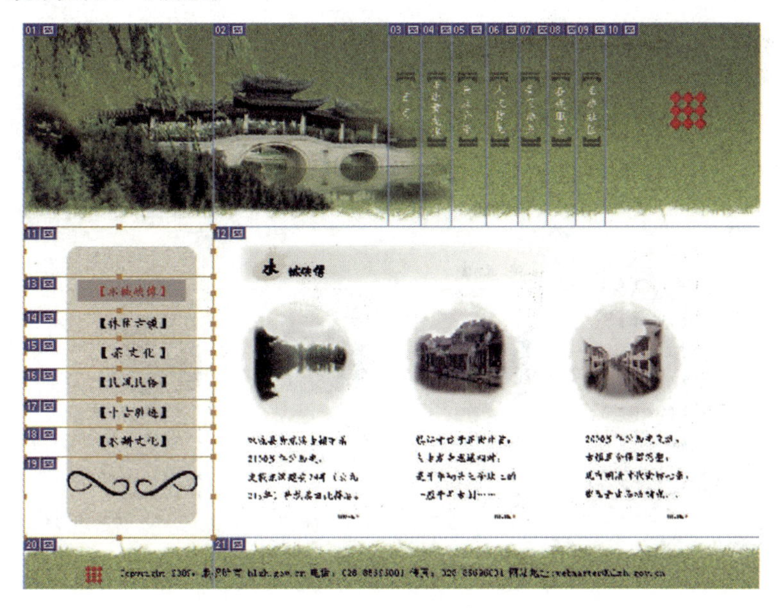

图 9-8　划分水平切片

（8）接下来对“切片 12”区域所在的图像进行分割，首先用于切片分割命令进行水平分割，把图像分成 2 行，如图 9-9 所示。

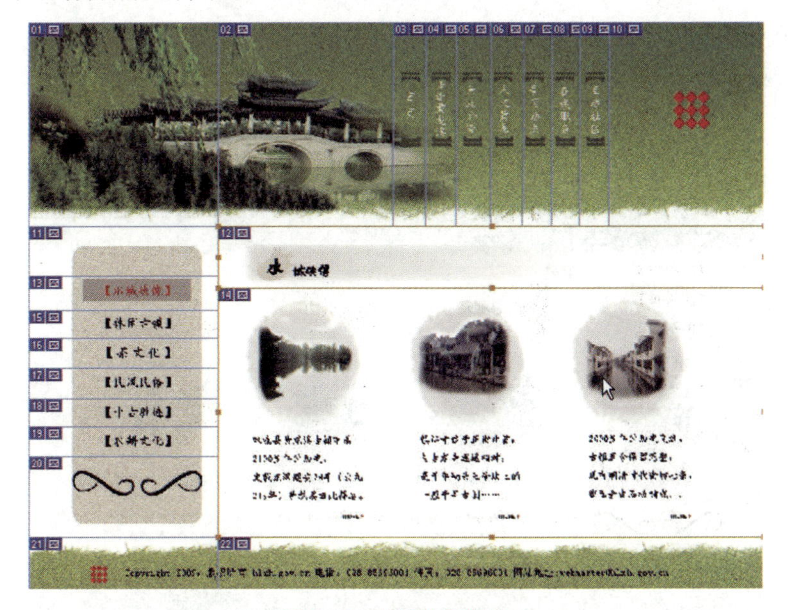

图 9-9　编辑水平切片

（9）应用工具箱中的“移动工具”，在属性中设置“自动选择图层”。用“移动工具”选择“切片 14”区域所在的第一排文字，执行“图层—新建基于图层的切片”命令，为文字建立切片，如图 9-10 所示。

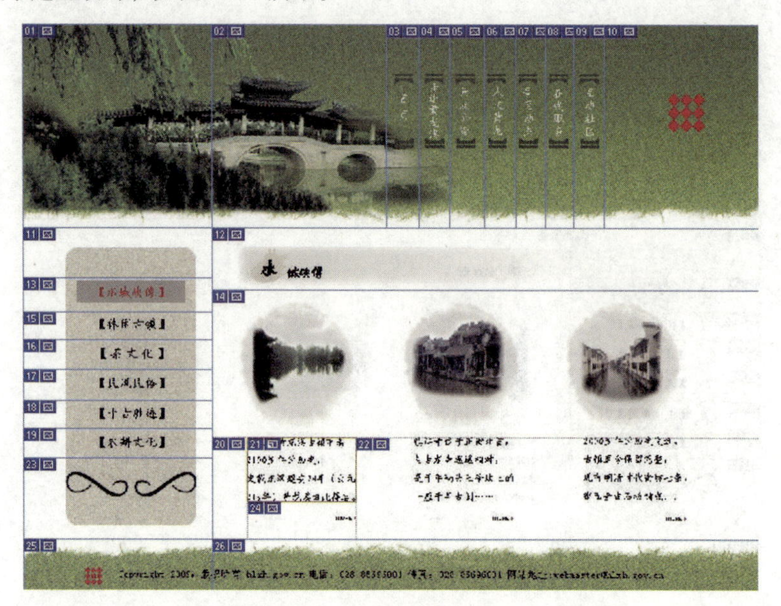

图 9-10　基于图层的切片

（10）应用相同的方法，分别为第二排和第三排文字根据图层的方式建立切片，并使用鼠标右键单击选择“将切片提升到用户切片”的方法，调整切片的位置与大小，如图 9-11 所示。

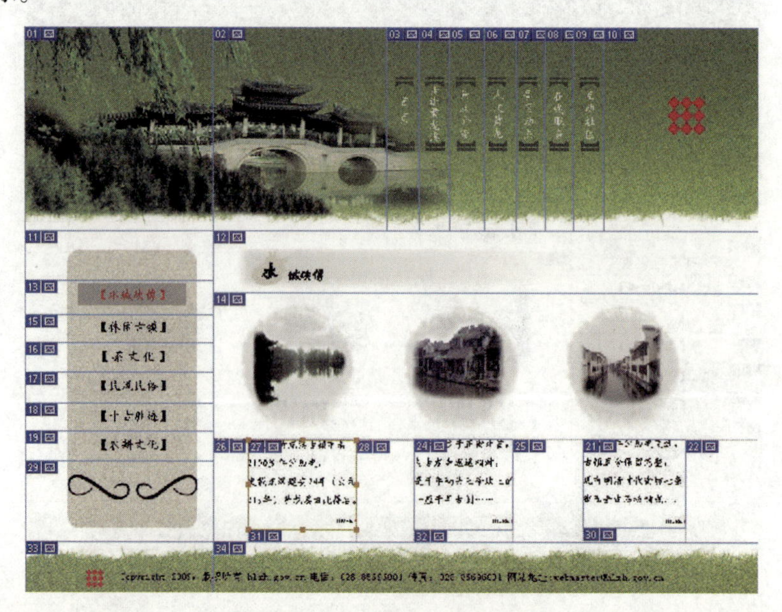

图 9-11　将切片提升到用户切片

（11）分别选择导航菜单图片和文字所在的切片，从鼠标右键单击弹出的菜单中选择“切片选项”对切片选项进行编辑，包括设计链接等，如图 9-12 所示。

图 9-12　切片选项

（12）执行“文件—存储为 Web 所用格式”命令。在“优化”选项中设置图像类型为“JPEG 高”，选中“优化”复选框。单击“存储”按钮。在存储选项中设置存储类型为“HTML 和图像”，保存文件，完成图像的 Web 优化与发布，可以运用浏览器对发布的文件进行浏览。

Photoshop CC
一些常用的快捷键

参 考 文 献

[1] http://wenku.baidu.com/.

[2] http://baike.baidu.com/.

[3] 张枝军，等．图形与图像处理技术[M]．北京：清华大学出版社，2011.

[4] 张枝军．基于网络消费者视角的商品数字化展示研究[M]．北京：北京理工大学出版社，2013.

[5] 张枝军．商品图像信息与网店视觉设计[M]．北京：北京理工大学出版社，2015.

[6] 张枝军．网店视觉营销[M]．北京：北京理工大学出版社，2015.

[7] 张枝军．Photoshop CC 网店视觉设计[M]．北京：北京理工大学出版社，2018.

[8] 张枝军，等．图形图像处理技术实训教程[M]．北京：北京大学出版社，2006.

[9] 张枝军，等．图形图像处理技术[M]．北京：人民邮电出版社，2005.